第一次用
YouTube
行銷
就上手

KYOKO 著・吳嘉芳 譯

也很適合
溫故知新

U0086979

閱讀本書前請務必詳閱以下說明

關於運用書中說明得到的結果，筆者與 Sotechsha（股）公司概不負任何責任，請自行承擔風險。

因本書內容衍生的損害，以及運用書中內容的所產生的損失，筆者與出版社概不負任何責任，敬請見諒。尤其當作說明範例所提供的購買案例，或作為參考影像所介紹的商品，可能會出現侵害發明專利、設計專利的問題，購買之前，請一定要先確認清楚，並自行承擔風險。

本書在編撰時，已力求正確描述，萬一出現內容錯誤或不正確的敘述時，筆者與 Sotechsha（股）公司概不負任何責任。書中內容為撰書當下的資料，日後可能在未經告知的情況下逕行修改。此外，部分環境可能無法按照本書的說明執行操作，敬請見諒。

※ 內文中介紹的公司名稱、產品名稱皆屬於各家廠商的註冊商標或商標。書中省略了©、®、TM 的標示。

Cover Design & Illustration…Yutaka Uetake

前言

「看起來經營 YouTube 可以賺到很多錢。」

你可能聽過這種言論。

標榜「靠興趣謀生」的 YouTube 其實也蘊藏著極大的商機。

近來加入 YouTube 行列的人數持續爆增，而介紹 YouTube 相關 Know How 的書籍也陸續出版。

市面上已經有許多說明上傳影片步驟的書籍，包括 YouTube 的設定方法、拍攝方法、編輯方法等。

筆者希望這本書能成為徹底重視技術層面的 YouTube 學習教材，因而省略了上述操作項目。

這本書是以「YouTube 的商業模式」為基礎，整理出相關必要技巧，而不是說明「因個人興趣上傳影片」的社群媒體式 YouTube 用法。

- 想用 YouTube 做生意

- 想用 YouTube 拓展現在的業務

- 想用 YouTube 賺到第二份收入

筆者根據自身的經驗與資料，把這些人必看的重點整理成系統化的學習內容。

為什麼必須將 YouTube 運用在商業上

現在線上服務急速發展，如果你可以運用 YouTube，絕對要盡可能地發揮在商業用途上。過去的購買行為通常是由朋友、熟人口耳相傳，或透過報紙、宣傳單等平面媒體取得訊息所產生。近來有許多人卻是從 Twitter、Instagram 獲得資訊，購買商品。

尤其有愈來愈多消費者在看過 YouTube 之後，而決定購買商品。為什麼是 YouTube ？

YouTube 有著不同於其他社群網路服務、部落格等媒體的訴求力。

- 僅以文字為訴求（Twitter、部落格）

- 僅以影像為訴求（Instagram）

- 以影像及文字為訴求（部落格、網頁）

- 以聲音為訴求（廣播）

YouTube 因為「影片」的性質而同時兼具了以上所有元素，不難想像它將成為絕佳的商業武器。

而且不論個人或公司都同樣可以運用 YouTube。近來消費者對廣告很敏感，即使投放廣告預算，在網路上打廣告，希望擴大實體業務，也不見得有效果。消費者看到商業感十足的廣告時，不會因此成為商品、公司或個人的粉絲對吧？

可是，使用 YouTube，觀眾會因為對影片感興趣而造訪頻道，還能進一步維繫關係，把觀眾變成「粉絲」。

YouTube 可以傳送大量資料，即便不是知名公司，僅是默默無聞的個人，也能擁有粉絲，把有用的資訊傳遞給需要的人。

你不需要花錢打廣告，因為 YouTube 就是免費的廣告媒體。

本書的結構

這本書以商業為主，解說關於 YouTube 的內容。

第一課、第二課是學習 YouTube 這個平台的本質，以及瞭解 YouTube SEO 和演算法。

接著第三課、第四課、第五課將依照種類，介紹使用 YouTube 的營利方式。因為用 YouTube 賺錢的方法非常多元，不只一種。

第六課、第七課要說明跟上 YouTube 腳步的訣竅，以及具體的資料分析方法，希望你可以加以運用。

如果你可以善用 YouTube，它將能成為一個強大的商業工具。老實說，還沒有其他工具可以取代 YouTube。然而，這些打算開始經營 YouTube 的人之中，能持之以恆的卻是少之又少。

就商業角度來看，「**品質＋續航力**」是理應具備的條件，卻也有窒礙難行的地方。

我由衷期盼這本書對想經營 YouTube 的人來說，可以成為以最短距離抵達目的地的地圖。

目錄

第 1 課　YouTube 是個人最佳賺錢平台

第5課　**YouTube 聯盟行銷**

第1課

YouTube 是個人最佳賺錢平台

這堂課將從各個觀點解說「用 YouTube 賺錢」的方法。

01 非做不可 炙手可熱的影片市場!!

1 | YouTube 的使用人數

「YouTube」是 Google 經營的免費影音發布平台,這件事眾所周知。

應該沒有人沒聽過 YouTube 吧!現在 YouTube 儼然成為與生活密不可分的服務。

究竟有多少人正在使用 YouTube?目前全球有 20 億人都在使用 YouTube,日本的使用者也有 6200 萬人。每分鐘就有 500 小時的影片上傳至 YouTube,全球使用者每天瀏覽影片的時間超過 10 億小時。

根據尼爾森數位市調公司「2019 年日本網際網路服務的使用者人數/使用時間排名」(請見下表)調查報告顯示,YouTube 的總觸及時間是第三名,透過智慧型手機的互動觸及率是第二名,智慧型手機 App 的使用時間是第二名,YouTube 的成績名列前茅,深受矚目。

● 2019 年日本數位服務觸及率 TOP10

排名	服務名稱	平均每月觸及率
1	Google	56%
2	Yahoo! Japan	54%
3	YouTube	50%
4	LINE	48%
5	Rakuten	41%

排名	服務名稱	平均每月觸及率
6	Facebook	41%
7	Amazon	38%
8	Twitter	36%
9	Instagram	30%
10	Apple	27%

● 2019 年日本智慧型手機互動觸及率 TOP10

排名	服務名稱	每月平均互動觸及率	去年同期比
1	LINE	83%	2pt
2	YouTube	61%	5pt
3	Google Maps	60%	2pt
4	Google App	53%	2pt
5	Gmail	51%	2pt
6	Apple Music	45%	16pt
7	Twitter	44%	2pt
8	Google Play	44%	-2pt
9	Yahoo! JAPAN	43%	3pt
10	McDonald's Japan	32%	2pt

● 2019 年日本智慧型手機 App 的使用時間比例 TOP10

排名	服務名稱	每月平均使用時間比例
1	LINE	13%
2	YouTube	5%
3	Twitter	5%
4	Yahoo! JAPAN	4%
5	Google App	2%
6	Instagram	2%
7	SmartNews	2%
8	Facebook	1%
9	Mercari	1%
10	Google Map	1%

以上資料來源：
https://www.netratings.co.jp/news_release/2019/12/Newsrelease20191219.html

2 | 影音市場規模擴大與成長潛力

你應該已經意識到全球對影音內容的需求愈來愈強烈。

為什麼近年來影音內容會如此受歡迎？

根據網際網路市調公司 YouTube 總合研究所「2020 年突破 2000 億日圓！ YouTube 革命性網路行銷的重要性」調查顯示，2014 年超過 300 億日圓的影音廣告市場到了 2020 年已經成長到 2000 億日圓的規模。在代表影音業務的廣告市場，YouTube 以頂尖媒體之姿大放異彩。

由此可知，影音市場是一個未來極具成長潛力的行業，主要的原因有以下三點。

- ①「與新冠肺炎共存」的影響
- ② 行動裝置普及
- ③ 5G 的滲透率

● 影音廣告市場規模推估＜依裝置分類＞（2014 ～ 2020 年）

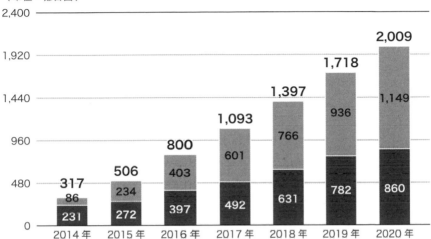

● 影音廣告市場的媒體（2016 年 11 月～ 2017 年 12 月）

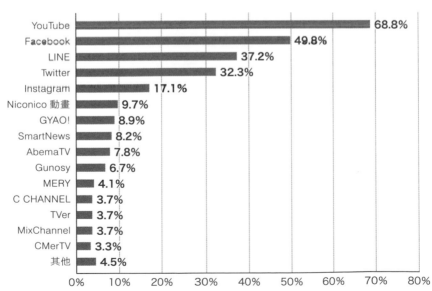

以上資料來源：https://youtube-soken.com/report/1296/

① 「與新冠肺炎共存」的影響

受到 2020 年 2 月開始大流行的新型冠狀病毒影響,使得全球民眾減少外出,「宅在家」的過程中,帶動了線上事業的成長。

事實上,民眾減少外出之後,知名付費影音服務公司 Netflix 在 2020 年 4 ～ 6 月的營業額比前年成長了 25%。

YouTube 可以免費觀看,使用者的年齡層廣泛,預估未來每個人都會使用。

② 行動裝置普及

隨著智慧型手機、平板電腦等行動裝置的普及,觀看影音內容變得更輕鬆方便。

你不但可以直接在 Nintendo Switch 等遊戲機、iPhone 等行動裝置上觀看影片,還可以透過這些設備,把影音內容投影到電視上。

其他還有許多可以收看影音內容的裝置。隨著裝置種類的增加,進一步帶動了影音內容的使用率。

年輕人愈來愈少看電視,觀看 YouTube 等影音內容的人口反而增多。根據觀看 YouTube 的裝置統計調查顯示 [1],約有 90% 的年輕人只使用智慧型手機觀看 YouTube。

---

1 https://markezine.jp/article/detail/30504

③ 5G 的滲透率

影音市場會繼續成長的原因之一，就是「5G」開始普及。

5G 是第 5 代移動通訊系統，特色是超高速、超多同時連線數、超低延遲。5G 逐漸普及之後，播放影音內容時，出現卡頓或斷線問題都可以迎刃而解。

資料量大的高畫質影片，或片長較長的影片都可以快速串流，這代表你可以毫無壓力地收看影音內容。

各大電信業者也推出了 5G 的電信資費方案，播放影音不用擔心費用驚人，這也成為擴大影音市場的助力。

3 熱門職業「YouTuber」

YouTube 的觀眾呈爆發性成長的同時，發布 YouTube 影片的人也開始受到觀眾的喜愛。日本以國小一到六年級生為對象，針對「未來想從事的職業」進行了調查。「YouTube **等網路傳播者**」（所謂的 YouTuber）排名第一，超越了足球選手（請見下表）。過去提到影音內容，主要是指電視，如今卻是指 YouTube。

企業的行銷手法也一樣，在 YouTube 投放廣告比打電視廣告更有效果，這已經成為眾所周知的事實。

隨著人們遠離電視，有許多藝人開始將主戰場轉移到 YouTube。

● 將來想從事的職業（2019 年男性）
（資料來源 https://prtimes.jp/main/html/rd/p/000002566.
000002535.html）

第 1 名	YouTuber 等網路傳播者
第 2 名	足球選手
第 3 名	職棒選手
第 4 名	司機
第 5 名	警察

發布YouTube影片的日本藝人

- ROLA
- 隧道二人組 石橋貴明
- GACKT
- 東方收音機 中田敦彥
- 江頭 2:50
- 渡邊直美
- 佐藤健

大咖藝人開始經營 YouTube，相輔相成之下，使得觀眾也逐漸增加。

第二課將說明 YouTube 是一個 **80% 以上的影片流量都來自演算法**的影音平台。這個平台難能可貴之處在於，經營頻道的人愈多，商機愈大，而不是競爭對手愈多。

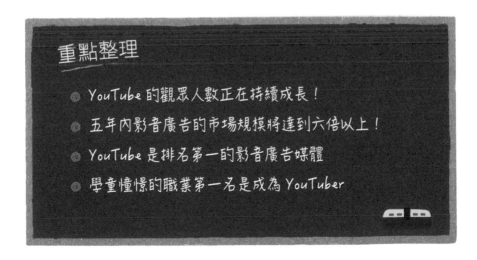

重點整理

- YouTube 的觀眾人數正在持續成長！
- 五年內影音廣告的市場規模將達到六倍以上！
- YouTube 是排名第一的影音廣告媒體
- 學童憧憬的職業第一名是成為 YouTuber

02 YouTube 的商機優於其他社群網路服務

1 YouTube 在 Google 搜尋也受到禮遇

YouTube 是 Google 經營的服務之一，近年來 YouTube 在 Google 的搜尋結果也常受到禮遇。筆者的 YouTube 影片在競爭激烈的搜尋關鍵字中仍名列前茅。

例如「副業」這個關鍵字的每月搜尋量約為 16 萬 5000，代表每個月「副業」被搜尋了 16 萬 5000 次。如果能在這個關鍵字的搜尋結果中名列前茅，會有多少人看到你的內容？假設你把「副業」當作目標關鍵字，並在網站或部落格執行 SEO，希望藉此獲得較好的排名。就現在的 Google 演算法而言，要達到這個目標極為困難（請見下頁圖示）。

截至 2021 年為止，搜尋引擎市占率第一名的 Google 把 YouTube 影片框放在最上面。

● 在搜尋結果中，YouTube 顯示在上面的範例

Google 　[個人賺錢]　　　　　　　　　　　　×　🎤　🔍

Q すべて　　▶ 動画　　🖼 画像　　🛒 ショッピング　　📰 ニュース　　⋮ もっと見る　　設定　　ツール

約 93,300,000 件 （0.39 秒）

動画

【在宅副業】個人で稼ぐ力を簡単につける究極の方法【他者 …	[初心者向け]今すぐできる個人で稼ぐ方法 5 つのアクション …	タダで稼げる究極の副業とは？4 つ紹介します。
KYOKO	マーケティング大学 by桜井	個人で生きる道-ショウ
YouTube - 2020/02/29	YouTube - 2020/08/11	YouTube - 2019/09/18

Google 　[聯盟行銷 作法]　　　　　　　　　　　×　🎤　🔍

か難しいですよね。きちんと儲かる広告を選んで進める方法をできるだけわかりやすくお教えします。【はじめに】稼げる**アフィリエイトサイト**を …

動画

副業でアフィリエイトを始める手順とやり方を解説【効率的に …	【完全初心者向け】アフィリエイトの基礎講義【簡単に 3 万円 …	【やり方】自己アフィリエイトをやれば確実に月10万円は稼げ …
KYOKO	マナブ	KYOKO
YouTube - 2020/02/10	YouTube - 2019/12/27	YouTube - 2020/06/30

Google 　[WordPress]　　　　　　　　　　　　×　🎤　🔍

動画

【WordPress（ワードプレス）の使い方講座】アフィリエイト …	【初心者向け】Wordpress（ワードプレス）始め方 …	【2020年9月最新版】ワードプレスでブログを始める手順を …
KYOKO	mikimiki web スクール	ヒトデせいやチャンネル
YouTube - 2019/02/04	YouTube - 2020/05/12	YouTube - 2020/06/07

24

換句話說，這代表著 Google 正在推廣 YouTube。

如果你試著搜尋關鍵字，一定會發現 YouTube 的影片在各種關鍵字的搜尋結果都位於前幾名。

這樣做合情合理，前面說明過，YouTube 的使用者以及使用時間都大幅度成長，所以在搜尋框的上面設置 YouTube 框，可以帶動更多使用者使用 Google。

更重要的是，在 YouTube 插入廣告是 Google 的收益來源之一，大量使用者使用 YouTube 的時間愈長，Google 就能賺到愈多錢。

在這樣的背景下，日後在搜尋結果中，YouTube 會愈來愈受到禮遇吧！

2　直接傳遞資訊

與其他吸引顧客的管道相比，YouTube 的特色是可以直接傳遞資訊，輕而易舉就能建立品牌。

如下表所示，每種管道各具特色，使用者的目的也不相同。過去傳遞資訊以文字與影像為主，隨著影音市場的整體發展，使得透過 TikTok 等短片來溝通的直播工具也愈來愈多。

● 各種管道的使用者目的

長篇文字	部落格	有時間、想慢慢瀏覽內容的使用者
短文（140 個字）	Twitter	想快速收集片段資訊的使用者
影像	Instagram	想從影像取得資訊的使用者
聲音	收音機	想「邊聽邊做其他事」的使用者

影片的優點是一次可以傳達大量的資訊。

- 用眼睛看的文字
- 用眼睛看的影像及動態影像
- 用耳朵聽的聲音

這些 YouTube 全都有，而且透過表演者的表情及音調，還能呈現出十足的臨場感。這種傳遞訊息的完整性是其他社群網路服務無法比擬的。

基於這一點，我們可以說 YouTube 是非常適合個人用來建立品牌的優秀工具。簡而言之，YouTube 就像是「個人的電視台」，而且觀眾「很容易成為粉絲」。

過去網路上建立品牌的工具以部落格為主，不過單憑文字傳達的「特質」，與透過動態影像向眼睛及耳朵直接傳達訊息的 YouTube 相比，YouTube 具有更強大的品牌塑造力。

3 | 高轉換率（CVR）

在資訊爆炸的網路世界，使用者如何決定購買行為？

如果是習慣仰賴網路的使用者，在購買東西之前，大多都會先確認「口碑」及「評價」吧！以前通常都是藉由評論或意見等文字及影像資料取得這些資訊，不過在這一方面 YouTube 也有著不容小覷的資訊傳播力。

- 詳盡的用法
- 真實的氛圍
- 實際大小與質感等

YouTube 允許透過影片的表現方式進行真實的評論。根據 Spread Over 公司的調查報告顯示，有高達 59.9% 的消費者在購買商品之前，會先在 YouTube 看過影片再下決定（請見下一頁的圖表）。

進一步來說，我們比較容易接受身邊朋友的建議。在可以輕易建立品牌的 YouTube 上，使用者會對頻道經營者產生親近感，使得轉換率變高。

4　提高品牌力會衍生出各種獲利方法

所謂的品牌力就是「信任」。

如上所述，YouTube 這個平台可以即時傳遞個人的「特質」。YouTube 與原本「純文字」或「純圖像」的媒體不同，能更輕易拉近與觀眾之間的距離，並贏得信任。

一般而言，YouTube 的獲利方法是以影音廣告為主，可是提高品牌力之後，獲利方式就變得很多元。

依賴特定收入的風險太高，但是建立起來的信任卻是不可動搖的。

● 決定購買行為時的影音使用狀態（https://ferret-plus.com/13097）

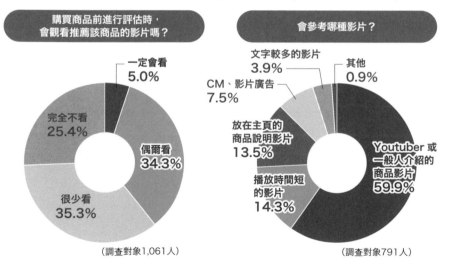

購買商品前進行評估時，會觀看推薦該商品的影片嗎？

一定會看 5.0%
完全不看 25.4%
偶爾看 34.3%
很少看 35.3%

（調查對象1,061人）

會參考哪種影片？

文字較多的影片 3.9%
其他 0.9%
CM、影片廣告 7.5%
放在主頁的商品說明影片 13.5%
Youtuber 或一般人介紹的商品影片 59.9%
播放時間短的影片 14.3%

（調查對象791人）

筆者的 YouTube 頻道在撰寫本書的當下（2021 年 1 月），頻道的訂閱人數約有 12 萬人。據說在 YouTube「觀看影片的觀眾通常是頻道訂閱人數的三倍」，若按照這樣估算，筆者的頻道實際上應該有 36 萬人觀看。

有這麼多人每天觀看筆者的影片，認識筆者，瞭解筆者的想法，筆者覺得自己已經有了意想不到的「信任存款」。

其實筆者透過 YouTube 獲利的方法不只有廣告收入，應該說廣告收入比較像是獎金。

即使筆者退出 YouTube 仍可持續獲利，因為筆者已經累積了信任存款。

提高品牌力可以進行多種獲利方式，並進一步累積信任，長期來看，對事業發展極為有利。

重點整理

- YouTube 在網頁搜尋時也受到禮遇
- 影片能直接傳遞資訊，獲得信任，比較容易建立品牌。
- 建立品牌之後，獲利方法也會變多。

03 靠 YouTube 能賺到多少錢？

1 成為賺錢 YouTuber 的標準？

到目前為止，你應該已經充分瞭解 YouTube 的市場正在成長。那麼，實際上這些 YouTuber 擁有多少頻道訂閱人數？有多少觀看次數？可以賺多少錢呢？

根據 YouTuber 排名網站「Tuber Town」的資料顯示，日本獲利排行前三名分別是 Fischer's - 魚團 -、Kids Line　Kids Line、hajimesyacho（hajime）。觀看次數也是第一名的 Fischer's - 魚團 - 每月有 3 億次觀看次數。在日本，娛樂類的 YouTube 頻道通常比較受歡迎。

這裡的推估獲利是以「觀看次數 ✕ 廣告」估算（推測）出來的。但是未來想成為 YouTuber 的人，真的可以靠 YouTube 賺到錢嗎？關於這一點，只能說單靠「廣告收入」要賺到錢是一個極為艱鉅的挑戰。

想用廣告賺錢，必須有一定的觀看次數。要增加觀看次數，就得增加頻道的訂閱人數。根據分析日本 YouTube 趨勢的「YuTura」調查，頻道訂閱人數超過 100 萬的頻道為 YouTube 所有頻道的 1%（約是 50 個頻道），達到營利標準（現在要在 YouTube 顯示廣告，從中

獲利,頻道必須符合一定條件)「訂閱人數 1,000 人」為 YouTube 所有頻道的 25% 左右(請見下圖)。附帶一提,筆者的頻道約有 12 萬人,在前 12% 以內。

● YouTuber 的營利排名(資料來源 Youtuber 排名網站「Tuber Town」
http://www.tuber-town.com/channel_list_c/all_yd_1.html)

頻道名稱	推測年收入	頻道訂閱人數
Fischer's- 魚團 -	1 億 5542 萬 5397 日圓	646 萬人
Kids Line　Kids Line	1 億 3253 萬 3106 日圓	1200 萬人
hajimesyacho(hajime)	1 億 1332 萬 351 日圓	893 萬人

廣告單價低將無法增加收入

即使頻道訂閱人數增加，觀看次數成長，也不見得如你所願能賺到廣告收入。

刊登在 YouTube 的廣告有單價，依照頻道類型與品質，可能有廣告單價極低的情況。廣告商也想把廣告費花在高品質的影片上，對於「似乎沒有效果的影片」只會支付廉價的廣告費，因此可能無法提高廣告收入。

當你聽到之後，或許會覺得大失所望，不過別擔心，即使頻道訂閱人數少，利用一些作法，仍能讓獲利大幅成長。

● YouTube 頻道的訂閱人數
（https://ytranking.net/blog/archives/589）

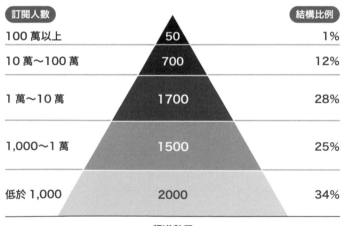

訂閱人數	頻道數量	結構比例
100 萬以上	50	1%
10 萬～100 萬	700	12%
1 萬～10 萬	1700	28%
1,000～1 萬	1500	25%
低於 1,000	2000	34%

2 | 營利標準

筆者的 YouTube 頻道定位為建立品牌的商業工具,對筆者而言,廣告收益沒有那麼重要。即便如此,在筆者的頻道訂閱人數還不到 10 萬人時,每月光 YouTube 的廣告收益就有 150 萬日圓(請見下圖)。

據說一般每次點閱影片的收益是 0.1 日圓,但是筆者的 YouTube 頻道每次點閱應該超過 1 日圓。頻道的類別及影片的品質都會影響廣告單價。

筆者頻道中的某個影片,在撰寫本書的當下,點閱次數已有 46 萬次,收入大概是 50 萬日圓。其他還有多支類似的影片,所以光這樣就有不錯的收入。

● 訂閱人數 7 萬 7,779 人時的收入(轉帳金額)

KYOKO@副業の学校代表... · 2020/04/23
YouTubeからの今月の結果です。

1ヶ月のチャンネル登録者の伸びは2万人〜2.5万人という感じで、3月20日に5万人を達成してから現在 77779人 になりました😌

見てくれる方に満足して頂けるようなクオリティの動画をこれからも作成して行きますので応援よろしくお願いします🙇

1,421,795 円

💬1　🔁2　♡89

獲得廣告以外的收入

以筆者為例，頻道的訂閱人數約一萬人時，除了廣告收入之外，透過這個頻道，每月還有 300 ～ 400 萬日圓的進帳。現在廣告收入以外的收益加起來，每月約有 2000 萬日圓的收入。

如上所示，廣告收入不是經營 YouTube 唯一的賺錢手段。筆者想在這本書中徹底解說把 YouTube 當作商業工具的用法，「包括廣告收入以外的部分」。

● KYOKO 頻道的影片
（https://www.youtube.com/watch?v=9snv878SESY）

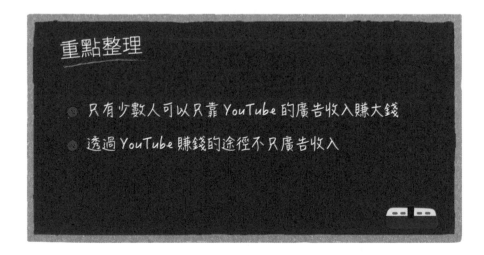

重點整理

◎ 只有少數人可以只靠 YouTube 的廣告收入賺大錢

◎ 透過 YouTube 賺錢的途徑不只廣告收入

04 YouTube 有多種獲利模式

1 廣告（AdSense）

廣告收入是在 YouTube 最傳統的獲利手法。一般稱作 YouTuber 的人，都是以這樣的營利手法為主。

這種賺錢方式是透過讓更多人瀏覽影片，顯示廣告來增加收益，頻道的訂閱人數及觀看次數自然就成為重要指標。

優點

- 收益方法簡單明瞭
- 廣告種類多
- 經營頻道可以累積獲利來源

缺點

- 未達營利資格不會刊登廣告
- 頻道沒有成長就完全賺不到錢
- 工作量多的勞動型收入
- 必須持續收集讓眾人能接受的素材

這種收益模式的優點是方式傳統,「簡單易懂」。

YouTube 的廣告種類將在第三課說明。你只要上傳影片,選擇廣告即可,操作方式易如反掌。此外,隨著頻道內的影片增加,舊影片也會被點閱,所以 YouTube 還有一個優點是收益來源可以累積。

相對而言,缺點是「並非每個人都可以從中獲利」,只有符合「YouTube 合作夥伴計畫」參與條件的頻道才能張貼廣告。

訂閱人數及觀看次數是廣告收入的重要指標。倘若訂閱人數沒有增加,影片觀看次數及觀看時間沒有拉長,頻道沒有成長,即使發布影片也無法獲利。

想提高觀看次數,必須找出「每個人都能接受的素材」,而不是自己想說或想做的內容。

經營 YouTube 必須持續上傳影片,因此這是屬於勞動型的獲利模式,不適合當作兼職的副業。

我個人不建議這種完全依賴廣告收益的 YouTube 經營模式,最好搭配其他收益方式當作輔助。

2　銷售獨家內容

你也可以利用 YouTube 銷售獨家內容。這是擁有自有商品的企業或個人，把 YouTube 當作擴大認知的商業工具用法。筆者的頻道經營模式是銷售獨家內容 × 廣告（AdSense）。

「自有商品」有很多種。你也可以利用 YouTube，吸引顧客前往門市，不一定要是獨家商品。針對可能對獨家商品或內容感興趣的使用者，透過 YouTube 免費提供他們想知道的資料，可以累積「知名度」與「信任」。

這種收益模式的特色是，訂閱人數與觀看次數沒那麼重要。

優點

- 不會受到訂閱人數或觀看次數影響
- 可以表達自己想呈現的內容
- 累積的信任可以轉移
- 可以賺到較多錢

缺點

- 需要自有內容或商品，否則無法獲利
- 需要高品質的影片
- 需要商業設計的知識

這個模式的優點是靈活度高。

與大量製作影片以提高廣告收益的模式不同，這種模式是為了累積信任而精心製作影片。不刻意迎合 YouTube 的演算法，只想讓對自家商品有興趣的使用者瞭解，或按照自己想表達的內容來製作影片，換言之就是「重質不重量」。前面提過，筆者的頻道在訂閱人數不到一萬人時，每月也有數百萬日圓的收益，就是這個原因。

另外，這種「累積的信任」還可以轉移到其他服務。

例如，在你已經有了信任存款的狀態下，當你發布「我開始經營 TikTok 了！」或「我開店了」等訊息時，看過你的 YouTube 影片而成為粉絲的人也一定會去瀏覽。

YouTube 是可以直接傳遞資訊，容易獲得粉絲的平台，而且還能輕易儲存可攜帶的信任存款。

缺點是，如果你沒有自己的商品可以販售，就會產生無法獲利的根本問題。當然，你也可以在經營 YouTube 之後再製作商品。不過最好從一開始就擁有自己的服務或商品。因為在規劃頻道時，必須先詳細設定對該商品有興趣的人物輪廓，以及顧客旅程等商業設計。

此外，品質差且毫無用處的影片無法贏得信任，你必須根據觀眾的想法，製作高品質的影片。

3 聯盟行銷

聯盟行銷的獲利是把 YouTube 當作宣傳其他商品的媒體來運用的營利模式。聯盟行銷是指，介紹別人的商品，可以從營業額中獲得一定利潤的系統。

第五課將會詳細解說這種手法，最常見的作法是，從整合廣告的 ASP（Affiliate Service Provider）選擇可以聯盟行銷的商品，利用 YouTube 的影片介紹該商品。

優點

- 不需要擁有自己的商品
- 可以介紹自己愛用的商品
- 適合 SEO 集客

缺點

- 需要聯盟行銷的知識
- 基本上需購買後再評論
- 廣告商退出就結束

使用 YouTube 的聯盟行銷不需要擁有自己的商品，所以優點是，想做立刻就能執行。作法十分多元，你也可以介紹原本就喜歡的商品，這也算是優點之一。

如果能用這種方式獲利，YouTube 的訂閱人數及觀看次數是否增加就不是重點。此種獲利模式的另一個優點是，適合運用 SEO 集客導入流量（透過搜尋引擎而來的觀眾比頻道的粉絲多）。

然而，如果你沒有具備一定程度的 SEO 技巧及聯盟行銷知識，可能就不知道「如何介紹商品？」、「怎麼做比較好賣？」。

基本上，要在 YouTube 介紹廣告商於 ASP 上架的商品，先決條件是你得實際用過（要用 YouTube 影片評測商品，手邊一定要有實體）。如果手邊沒有該商品，就要額外購買。

可以聯盟行銷的商品，若廣告商停止對 ASP 供稿，你製作的影片也會前功盡棄。

這本書將解說能盡量改善缺點的手法。

4 超級留言

簡單來說，**超級留言（Super Chat）**是一種**贊助功能**。

在 YouTube 直播時，可以獲得觀眾支持你而給的「贊助金」。

觀眾可以選擇 100 日圓到 5 萬日圓不等的金額（台幣 15 元到 7500 元），一天可以贊助的最高金額是 5 萬日圓。

最近除了直播之外，一般影片也能收取贊助，符合一定條件的頻道可以使用「**超級感謝**」按鈕，觀眾能贊助 200 日圓～ 5000 日圓的金額（台幣 30 元到 750 元）（請見下一頁下圖）。

優點

- 可以與粉絲交流
- 依照直播方式可以獲得紅標（高額贊助）

缺點

- 必須達到頻道營利的標準
- 必須事前通知並吸引觀眾
- 超級留言（贊助）無法拿到全部的金額
- 可能產生內容合不合適的問題

應該很少人是只想靠超級留言賺錢而開始經營 YouTube，但是適合直播的遊戲實況主及 Vtuber，即使頻道的訂閱人數不多，也有機會靠著高額贊助的紅標而賺到錢。

● 「超級感謝」按鈕

有些人可能靠幾個小時的直播就能賺到 200 萬～ 300 萬日圓，不過筆者認為這點並非人人都能做到。因為超級留言的本質是「支持」，還沒有忠實粉絲的新手 YouTuber，直播的集客力恐怕不佳，無法聚集人潮。

此外，你無法拿到觀眾透過超級留言贊助的全部金額，YouTuber 只會提供 70% 當作直播者的收入。

如果沒有適合直播的頻道主題或直播內容，就很難獲得贊助。

● 選擇贊助金額的畫面

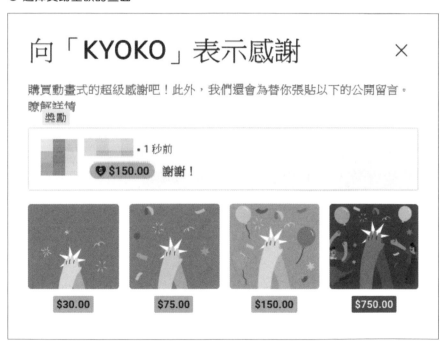

5 頻道會員

YouTuber 的收益模式還包括「**頻道會員（Membership）**」（請見下圖）。頻道會員是指觀眾每月支付固定金額，就能成為 YouTube 頻道會員的制度。成為會員之後，可以獲得來自頻道經營者的許多獎勵。簡單來說，這就是 YouTube 的個人訂閱社群。

● 成為會員的按鈕

在 YouTube 的頻道頁面按下「加入」按鈕，就可以成為該頻道的付費會員。

付費金額可以設定每月 90 日圓到最高 1 萬 2000 日圓（台幣 30 元～1600 元）不等，還可以依照會員等級提供獎勵。

優點

- 收入持續穩定
- 縮短與粉絲的距離
- 大量的會員能累積出可觀的金額

缺點

- 沒有知名度就招募不到會員
- 很難與一般公開的內容做區隔
- 不適合新手

這種收益模式的優點是會有持續性的會費，收入穩定。因為是按月收費，所以影片有沒有被點閱都沒關係。即使設定的月費不高，只要會員數量夠多，仍然可以賺到足夠的錢。

此外，你可以發布打動粉絲的專屬內容，而不是遵循 YouTube 演算法的一般內容。這種模式還有一個優點，就是能縮短與粉絲的距離。

然而，既然是付費社群，就得將內容分開，因此缺點是很難與一般內容做區隔。

現在我們可以從網路取得各式各樣免費的資訊，使得「資訊」本身的價值變得愈來愈低，「會員制的付費影片」也變得沒有太大的意義。

即使付費訂閱也要加入，這種價值代表著社群的「連結」。考量到這一點，除非你是擁有固定粉絲的頻道經營者，否則很難「累積會員」或建立「社群價值」。

6 企業合作

有一定訂閱人數的頻道經營者，也就是俗稱的網紅，常會有企業看中他們的知名度及影響力而提出業配合作。

例如，筆者的頻道也曾與伺服器租賃、域名銷售公司、防毒軟體等企業合作業配。

這種模式是在影片內介紹符合個人頻道主題的企業商品。

優點

- 商品由企業提供
- 一次可以賺到一定的金額

缺點

- 訂閱人數少就不會有業配合作
- 依照訂閱人數決定報酬
- 觀眾討厭業配

這種模式的優點是，可以免費取得企業想介紹的商品或服務（可能不算是很大的優點）。

此外，只要製作一部介紹業配商品的影片，就能賺到一定的金額，這應該算是一大優點。

可是企業的業配合作價格是根據頻道的訂閱人數而定。

據說與企業合作業配的影片行情是「頻道訂閱人數 ×1 ～ 1.5 日圓」。假設頻道的訂閱人數是 5 萬人，一部影片的價格約為 5 萬～7.5 萬日圓。

頻道訂閱人數還不多時，幾乎不會有業配合作。筆者收到第一次業配合作是在頻道約有 5 萬人訂閱的時候。

觀眾討厭業配

事實上，筆者幾乎很少接這種企業的業配合作。最大的原因是「觀眾討厭業配影片」。與企業合作的廣告影片容易得到負評，也可能被取消訂閱。

綜合上述原因，筆者認為還是等頻道發展到一定階段，擁有知名度及影響力之後，再加入這種收益模式。

靠 YouTube 賺錢的本質是建立品牌（打造品牌）。
經營 YouTube 可以拉近與觀眾的距離，容易獲得
粉絲，適合將個人品牌化。

重點整理

- 靠 YouTube 賺錢的方法有很多種
- 透過 YouTube 獲得的直接收益包括廣告收入、超級留言、付費會員等。
- 也可以用 YouTube 銷售獨家內容或聯盟行銷

05 各式各樣的影片模式

1 發布模式

相信你應該已經瞭解 YouTube 有多種收益模式了。這一節要介紹 YouTube 的影片模式,並按照影片發布模式及發布類型來詳細說明。

首先,一種發布模式有很多種發布方法。

1. 自說自話

這是一個人單獨談話的模式,筆者的頻道應該歸類成這種模式。最近筆者也發布了學習 × 娛樂的短劇影片,所以不是百分之百屬於這種模式,不過以前筆者是在黑板前,一個人獨自解說主題。

這種模式拍攝起來很簡單,建議 YouTube 新手可以選擇這種模式。

2. 雙人頻道

也有兩個人一起經營的頻道,不限男女。

優點是可以補強自說自話缺乏的互動交流,以及充滿娛樂感的趣味性。

但是不論雙人或多人經營的頻道，都常因為私人因素而無法繼續經營。

情侶可能因為「分手」，朋友可能因為「吵架」等理由而變成一人自說自話的頻道模式，這種情況極為常見。

3. 團體頻道

娛樂類型的頻道通常都是三個人以上組成的團體頻道。

第 31 頁介紹過的「Fischer's - 魚團 -」也是團體頻道，每位成員的個性鮮明，這種模式的娛樂性較高。

4. 廣播

YouTube 也有廣播頻道。因為是廣播，所以只有收錄聲音，不過也有將錄製廣播時的影像一起發布的頻道。

筆者除了經營以商業為主題的主頻道，也同時經營以筆者的另一面為概念的廣播頻道「KYOKO Radio」。

這種模式的優點是，拍攝難度比自說自話模式低，也容易持續發布。

5. 直播

專門從事直播的人稱作直播主。

直播具有臨場感，是可以與觀眾即時交流的模式。可是這種模式也同樣會面臨到沒有粉絲，就很難吸引到觀眾的問題。

不需要大型攝影設備，只要一支智慧型手機，就可以開始直播，也不用剪輯影片。就這一方面而言，可以說這是屬於拍攝難度較低的發布模式。

6. Vlog

Vlog 是一種把日常生活不加修飾地拍攝下來，在戶外拍攝或捕捉日常，呈現真實感的影片。

最近這種日常影片很盛行，有愈來愈多使用者希望可以看到頻道經營者的「幕後」或「真實」的一面，而不是「創造出來的內容」。

Vlog 需要多次剪輯，無法一次就拍好，所以拍攝難度較高。

7. 漫畫影片

擅長繪製插圖、漫畫的人可以選擇透過「漫畫影片」的方式來發布資訊。

知名的頻道包括「Fermi 研究所」及「Humanbug 大學」，想必你也曾看過吧！

這些頻道規模所製作的影片，不論是知識或工作量，都不是一個人能獨立完成。如果是你比較熟悉的內容，雖然會比其他模式費工，卻仍可以單獨完成。

筆者的頻道也曾發布過漫畫影片，當時是由以下人員完成。

- 插畫師
- 旁白
- 影片剪輯師

8. Vtuber

Vtuber 是 Virtual YouTuber 的縮寫，這是指使用虛擬化身來發布影片。利用插畫或 CG 發布影片就不需要露臉。

與漫畫影片不同的是，它是用軟體來操作 2D 或 3D 角色。知名的頻道會使用「Adobe Character Animator」等為角色加上動作。

9. ASMR

ASMR（Autonomous Sensory Meridian Response： 自 發 性 知 覺 高
潮反應）是以「聲音」為主的發布模式。例如使用特殊的麥克風錄
製、發布「喝碳酸飲料的聲音」、「吃軟糖的聲音」等。

這種聲音很受到戀聲癖的歡迎，是聽了會讓人覺得舒服的聲音內容。

不需要露臉，屬於比較容易拍攝的發布模式。

2 | 發布類型

除了影片的發布模式之外，發布類型也非常廣泛。要經營哪種類型的
頻道會為頻道收益帶來極大的變化。

這裡將介紹 8 種發布類型，但是其實還有更多不同的類型。

1. 娛樂

這是和電視節目一樣，具有娛樂性的類型。Hajime 社長、Fischer's -
魚團 - 等都屬於娛樂類的典型頻道。

史萊姆球、曼陀珠可樂等「實驗性」內容也屬於這種類型，此類型
涵蓋的年齡層很廣泛。

2. 商業型

筆者經營的頻道屬於商業及教育類型。把學習知識的內容變成影片，可以吸引具有求知欲的使用者。

這種類型的主題通常比較嚴肅，廣告單價比其他類型高。

此外，這種類型與銷售獨家內容非常契合，很適合用來建立品牌。

3. 書評

與商業型類似，有些頻道只提供書評。把商業、自我成長等書籍內容整理歸納之後，透過影片，以淺顯易懂的方式來解說。

很多人可能沒有時間仔細閱讀內容艱澀的書籍，所以非常需要書評類型的影片。

4. 遊戲實況

顧名思義，這是介紹電玩實況的影片類型。

熱門遊戲的攻略教學，或是展示電玩遊戲實際反應的內容具有一定的價值。

每個頻道都有各自擅長的遊戲。其中有不少頻道是以介紹《惡靈古堡》、《要塞英雄》、《動森（集合啦！動物森友會）》等主流遊戲，或是新的熱門遊戲為主。

互動的方法有很多種，如直播、Vtuber 的遊戲實況頻道等。

5. 健身

健身也是受到大眾喜愛的影片類型。應該有很多人看過「鍛鍊腹肌的方法」、「瘦身舞蹈」等影片。

基本上，YouTube 上有不少可以邊看邊練習的健身影片。

如果你有經營與鍛鍊肌肉有關的部落格，也可以與 YouTube 頻道互相連結。

6. 歌唱

「歌唱」類型與 YouTube 非常契合。

不論是正式出道的藝人、業餘歌手、或喜歡唱歌的素人，你所錄製的歌曲內容都能在 YouTube 上被許多人聽見。

在 YouTube 搜尋歌名，除了原曲之外，也會出現大量翻唱者的影片。除非這首歌是你個人創作的歌曲，若是一般大家都耳熟能詳的「歌名」，只要搜尋一下，就會有許多人看見。

除了個人演唱歌曲的影片，也有愈來愈多訓練唱歌的頻道。

7. 料理

單憑影像或文字很難完整傳達料理的精髓，但是透過影片就能仔細說明。料理也是讓人「想看看這道菜要怎麼做」的重要主題。

> * 中式料理頻道
> * 單身男性獨自用餐的頻道
> * 家常菜頻道

這種鎖定主題發布影片的頻道也很受到矚目。

8. 兒童

以兒童為對象的類型一直很受歡迎。

筆者的孩子也常看玩具開箱影片、或操作玩具的影片…。

第 31 頁介紹過的 YouTube 收入排名第二名的「Kids Line ♡ Kids Line」也是以兒童為對象的典型頻道。

現在兒童們喜歡看 YouTube 勝過電視,可以說市場非常龐大。

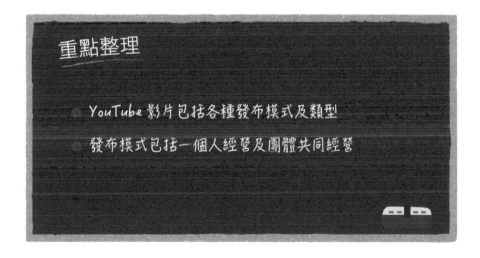

重點整理

◎ YouTube 影片包括各種發布模式及類型

◎ 發布模式包括一個人經營及團體共同經營

06 新手如何月賺 10 萬

1 以量取勝的模式是條艱難的道路

你應該已經瞭解 YouTube 有各種發布模式及收益方法。在這麼多方法之中,「新手想每月賺到 10 萬」該怎麼做呢?

每個人都有各自的喜好,無法一概而論,但是考量到「持之以恆」及「及早獲利」等兩個條件,就不建議「以量取勝」。

簡單來說,「以量取勝」就是利用頻道訂閱人數及觀看次數來賺錢的方法。

如果你想靠 YouTube 的廣告收入賺錢,數字就很重要。為了增加頻道訂閱人數,提高觀看次數,只能製作廣泛膚淺的內容,使得「增加數字」成為唯一的目標。

儘管數字成長可以增加收入,但是要做到卻沒想像中容易。

經營 YouTube 頻道的人數增加,競爭對手變多,使得競爭愈來愈激烈,整體的影片品質也比過去好。在這種狀況下,平淡無奇的影片將無法增加頻道的訂閱人數。

第三課會介紹 YouTube 的演算法。除非你的頻道有很強烈的個人色彩,或能製作出品質高人一等的內容,否則沒有 YouTube 的推薦,很難提升觀看次數。

2　頻道訂閱人數並非一切

第 41 頁說明過，筆者的頻道在訂閱人數不到一萬人時，每個月來自 YouTube 的收入有 200 萬～ 300 萬日圓。

YouTube 是資訊傳播量極大的媒體，可以「強勢打造品牌」。只要能吸引到忠實粉絲，哪怕人數不多，透過 YouTube 的商業 CVR（轉換率）都會是很驚人的數字。

你不需要設限於一種收益模式。若你已經達到訂閱人數 1,000 人，以及每年總觀看時間超過 4,000 小時的 YouTube 營利標準，就能獲得不錯的廣告收入。

只不過如果新手想光靠 YouTube 的廣告收入每月賺進 10 萬，可能會碰到以下門檻。

- 必須不眠不休地努力思考與對手不同的企劃
- 必須拍攝高品質的影片
- 必須剪輯出「可以正確傳達訊息」的影片
- 若要以量取勝，就得頻繁發布影片

這些門檻必須長期努力堅持，而非短時間就能跨越。

假設每次點閱的價格是 0.1 日圓，要賺到 10 萬日圓，觀看次數就得達到 100 萬。

通常剛起步的頻道，每部影片的觀看次數只有個位數，相信你應該可以瞭解要達到 100 萬次有多難，光想就很讓人灰心對吧！

不光是 YouTube，剛開始經營部落格或聯盟行銷時也一樣。**想維持支持下去的動力，就得及早做出成果**。就這個角度來看，頻道的訂閱人數不代表一切，還有其他可以及早獲利的方法。

3 以「商業模式 × 經營類型」取勝

如果你是新手，想在早期用一個節目每月賺到 10 萬，選對商業模式及頻道類型就很重要了。

筆者要再次強調，倘若你打算成為只靠廣告收入賺錢的 YouTuber，即使每天努力不懈，至少也要一年才可能達到目標。如果你把 YouTube 當成一種商業工具，情況就會截然不同。舉個例子來說，假設你想吸引顧客使用你的服務，選擇「把 YouTube 當作廣告」的模式，即使頻道的訂閱人數不多，仍有機會提早達成月賺 10 萬的目標。

沒有商品的人可以不使用這種模式。如果把 YouTube 當作建立品牌的工具，有幾種方法能在早期獲利。你可以在 YouTube 發布訊息，將使用者引導到你的部落格或網站，或是一邊建立品牌，一邊製作自有商品。

想賺到更多錢，頻道類型也很重要。選擇市場上商品單價較高的類型，收入就會變多。例如，經營兒童類型（以兒童為對象的頻道）的頻道時，銷售的商品大多以介紹玩具或低價服務為主，很難販售高價商品。即使你有自己的服務，若以兒童為目標，也無法建立高價的品牌。

內容	收益
髮型、造型的作法	吸引顧客到你經營的美容院
商業 Know How	吸引顧客使用你提供的服務
瘦身內容	吸引顧客到部落格

商業及美容類頻道有大量資金流動

哪一類型的頻道會有大量資金流動？例如筆者經營的商業類頻道就屬於獲利龐大的市場。基本上，與「學習」有關的服務或商品通常價格較昂貴，而且這種類型的廣告單價也很高，可以獲得可觀的額外收入。此外，美容市場也很龐大，是企業合作十分活絡的類型。

只要努力打造品牌，獲得粉絲，你也可以透過線上沙龍的方式來獲利。

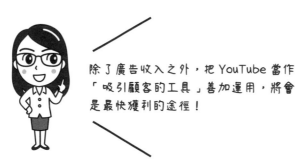

除了廣告收入之外，把 YouTube 當作「吸引顧客的工具」善加運用，將會是最快獲利的途徑！

4 月賺 10 萬的具體步驟

1. 選擇有規模的類型及頻道設計
2. 以建立品牌，獲得營利資格為目標
3. 結合適合的收益模式

基本上整個過程是由這三個階段完成。

首先選擇有商業規模的類型，並依照該類型設計頻道。最初開始經營頻道時，即使上傳影片，也可能幾乎無人點閱。請根據你的頻道族群來打造品牌，並且以通過 YouTube 營利資格為目標（訂閱人數超過 1,000 人，過去 12 個月內累積有效公開影片觀看時數超過 4,000 小時）。此外，不能只靠 YouTube 的廣告收入，必須結合多種收益模式。

要在影片中插入廣告，就得達到營利標準。取得這個資格是一項考驗，如果想盡早通過營利門檻，就得瞭解 YouTube 的演算法。

- 觀眾與 YouTube 會喜愛哪種影片？
- 如何製作出這種影片？

從第二課開始，將詳細說明 YouTube 的演算法。

第二課將具體解說可以吸引
顧客的製作影片方法！

重點整理

◎ 單憑廣告收入很難月入 10 萬

◎ 想早點賺到錢，捷徑是把 YouTube 當作廣告工具。

神奇的工作 YouTube 演說家

鴨頭嘉人

大家好，我是鴨頭嘉人。

我的職業是演說家。

我會前往日本各地的公司、團體，進行領導力、管理、人力資源開發、銷售等方面的演講與培訓。

包括公司舉辦的研討會在內，我每年演講的次數高達 330 次。

2019 年 10 月我舉辦了一項社會貢獻活動「鴨頭嘉人的工作方法革命」，在橫濱國際平和會議場進行了一場 3,000 人，為時四個半小時的個人演講。

在全國巡迴演講中，一個月約有 8,000 人參加了我的演講。

真的非常感謝各位。

這個狀態約從兩年前開始突然發生（別人看來）。

實在非常神奇。

可是九年前的我曾是無業遊民……。

有半年的時間，演講次數是零。業績掛零，沒有收入，也沒有員工，更沒有商務行程。

半年之後，我終於成為演說家。感謝那些在我默默無聞時，發掘我，聽我演講，提供或介紹工作給我的人。

當時每次自行舉辦的研討會或活動場地都很克難……。

虧錢是家常便飯。

公司成立大約七年，每年都面臨關門大吉的危機（也因為一直盲目挑戰，使得本錢也消耗殆盡）。

直到兩年前，「機會」來了。

不用再煩惱怎麼做才能吸引顧客。

不管做什麼，賣什麼，或是挑戰世上全新的計畫，都獲得了意想不到的成果，我的人生完全改觀！！

為什麼會發生這種轉變！？

全都是拜 YouTube 所賜。

「我每天都會看 YouTube ！」

「YouTube 讓工作變得有趣！」

「差一步就要離婚的夫妻關係出現 180 度的轉變。」

每天有幾十個人、幾百個人向我傳遞這樣的心聲。

因為 YouTube 的關係，在我這裡實習的學生變成了公司的員工。

我是經營者，同時也擺脫了「人力與資金的煩惱」！！

現在我的腦中只想著如何竭盡所能去做我可以做的事。

這些全都與 YouTube 有關。

何謂 YouTube 演說家

「YouTube 演説家」是一個神奇的工作，可以給予許多人啟發、夢想、希望、勇氣、感動，還能賺到錢。

觀看我的 YouTube 頻道的人，因為從中獲得了啟發，找到了夢想，感受到希望，產生了勇氣，心中充滿感動，才會每天期待我上傳影片。

YouTube 演説家不僅可以發布對世界有價值的資訊，又能事業有成，根本是超級夢幻的職業。

YouTube 是一個可以完美結合社會貢獻與工作的世界。

我的 YouTube 頻道平均每天有 40 萬次的觀看次數，換句話說，每天可以影響 40 萬人。

還能對這些人銷售商品，而且不是強迫推銷，只有需要的人才會想購買商品。

這份工作不僅對社會有貢獻，也能成功賺到錢。可以完美實現這種理想的工作，唯有 YouTube 演説家了。

輕易就能改變世界！

提高在 YouTube 的等級也會同時提高你的社會地位。

剛開始經營 YouTube 的人，幾乎不會對這個社會產生任何影響。

一開始請當作是努力累積能量的蟄伏期。

一點一滴累積努力，當頻道訂閱人數超過 1,000 人之後，你就會被 YouTube 認可。

YouTube 有個「YouTube 合作夥伴計畫」制度。

想透過 YouTube 獲得廣告收入等收益，就得取得 YouTube 合作夥伴計畫的資格。

觀看次數超過一萬次之後，YouTube 就會在該部影片插入廣告，產生收益。

取得 YouTube 合作夥伴計畫的資格之後，活動範圍就會變廣，你本身的事業也會開始產生變化。

頻道訂閱人數超過 5,000 人之後，你周遭的世界將出現劇烈的改變。以下是根據我個人的經驗，以及由我培訓出來的 YouTuber 學生們的成果，所得到的數值基準，請當作參考。

頻道訂閱人數成長加速，會對業績帶來極大的影響。

當你跨過第一道訂閱人數 5,000 人的門檻後，便能輕易通過第二道 2 萬人的門檻。

接下來會出現意想不到的劇烈變化，頻道訂閱人數呈爆發性成長。達到 10 萬人之後，就不用再煩惱如何吸引觀眾。

可以將 YouTube 累積的信用變現的時期就是現在，你的粉絲會希望購買你的商品。

等到頻道訂閱人數超過一百萬人之後，就會對社會產生影響力。

我第一次在 YouTube 發布影片是在 2012 年 9 月 3 日，上傳影片後的 24 小時，觀看次數只有三次，其中兩次是我和公司員工 Hiroking 點擊的。

但是當時我們是這麼想的。

「太好了！這方法可行！」

除了我們之外，還有一個人看了我們的影片。這樣是可行的！我們抱持著這種想法持續經營了七年。

前三年每天平均的頻道訂閱人數是 0.5 人，即便如此，我們仍認為「這是可行的！」

深信 YouTube 絕對可以改變世界。

五年之後，終於突破困境。

我們親身經歷並實際體會到深信一切，堅定不移是多麼有價值。

當我還默默無聞時，我反覆告訴自己一句話。

「我只是大器晚成，日後必定有成就，等著瞧吧！」

這句話我不是對別人說，而是在我心裡不斷告訴自己。

請先踏出第一步並持續努力，別覺得「丟臉」或「自己不夠好」。

不是學習之後才開始，而是開始之後再學習。所有把 YouTube 頻道經營的有聲有色的人都是如此，沒有任何一個人是學會之後才開始經營。

YouTube 是一個相信自我才會成長的地方。

YouTube 可以徹底「改變」所有工作、人際關係、經濟、世界結構以及人們的價值觀。

YouTube 是一個改變世界的平台。

這是我的信念，也是我的實際體驗。

我希望能有更多的人因為拿起這本書，而獲得豐富人生的指引，變得幸福。

作者簡介

鴨頭嘉人（かもがしら よしひと）

2010 年獨立創業，成立 Happy Mileage Company（股）公司（現為：Kamogashira Land）。

日本最熱血的演說家，以培育人才、管理、領導力、顧客滿意度、達成業績、說話技巧為主題，舉辦演講、研習等活動，同時也是一名作家，出版了十八本（海外兩本）專門寫給領導者、經營者的書。此外，他也是每天發布「正面資訊」的社會改革領導者。YouTube 的總觀看次數超過兩億次，頻道訂閱者人數超過一百萬人，希望以日本第一的 YouTube 演說家身分來改變世界。

- **官網：https://kamogashira.com/**
- **YouTube 專用頻道：http://bit.ly/kamohappy**
- **Twitter：https://twitter.com/kamohappy**

第2課 YouTube 的 SEO 與演算法

這堂課將說明透過搜尋、推薦與建議影片等方法導入流量的策略！

01 YouTube 也是 Google 的平台之一

1 與一般 SEO 策略的共通點

2006 年 YouTube 被 Google 收購，成為 Google 底下的平台。由於它在搜尋引擎 Google 之下，所以 YouTube 的關鍵字搜尋策略與一般網頁的 SEO 有非常多共通點。

SEO（Search Engine Optimization：搜尋引擎最佳化）是指讓內容可以輕易被搜尋引擎評估，使搜尋排名顯示在前幾名的策略。

Google 在搜尋結果上方設置了 YouTube 框，透過搜尋也能導入可觀的流量。執行特定策略，讓搜尋結果出現在 Google 搜尋引擎上方的 YouTube 框，就稱作 YouTube SEO。

一般的 SEO 策略包含了許多技巧，基本原則是「對使用者（觀眾）有益的內容會獲得較好的評價。」根據這個概念，對使用者的搜尋體驗進行最佳化，

如果希望取得前面的排名，製作內容時，必須注意以下條件。

- 內容的獨特性（原創）
- 內容的品質
- 內容的專業性
- 內容的完整性
- 內容製作者的專業性
- 內容的正確性
- 內容的真實性
- 內容是否容易觀看

SEO 會經常調整，並非一成不變。最近的趨勢是「誰說的（專業性、可信度）」權重比「什麼內容」更高，因此單憑內容與搜尋關鍵字一致已經很難獲得較前面的排名。

這稱作「 E-A-T 」。E-A-T 來自以下單字的第一個字母。

- Expertise（專業性）
- Authoritativeness（權威性）
- Trustworthiness（可信度）

重視內容的專業性、權威性、可信度，這樣的趨勢在 YouTube 上也愈來愈顯著。和一般的 SEO 策略一樣，YouTube SEO 也必須評估機械（演算法）與人（觀眾）兩方面。

2 YouTube 也通用的 SEO 策略

如果希望上傳到 YouTube 的影片可以在搜尋結果（網頁搜尋、YouTube 搜尋）中，獲得較好的排名，必須先記住以下的 SEO 策略。

> YouTube 也使用的 SEO 策略
>
> - 設定目標關鍵字
> - 在標題放入關鍵字
> - 在標題加入符合搜尋意圖的關鍵字
> - 在 Metadata 加入關鍵字
> - 注意內容中的關鍵字
> - 重視頻道的專業性

如你所見，基本的 SEO 策略就是關鍵字策略。

另外，還需要對使用者採取以下策略（提高使用者滿意度）。因為使用者滿意度較低的影片不會被 impression（曝光）。

提高使用者滿意度的方法

- 加上讓人想點擊的標題

- 標題與內容的適切性

- 觀看時不會感到壓力的編輯方式

- 唯有該頻道才能看到的獨特性

- 規律的更新頻率

使用這些方法之後，可以讓經由搜尋結果瀏覽影片的使用者拉長觀看影片的時間。換言之，這是獲得較長觀看時間與參與度（黏著度）所執行的策略。

實施這些策略，讓使用者滿意，當被 YouTube 判定為「優質內容」時，就會在建議的影片或推薦影片中曝光。

3 | 根據使用者喜好顯示最佳化結果

一般的 SEO 策略與 YouTube 的演算法非常類似，不過兩者之間仍有
著關鍵差異。

請先記住 YouTube 的流量來源（流量途徑）大致可以分成以下三種。

---

1. 外部流量（Google 的搜尋結果、社群網路服務、電子報等）
2. 在 YouTube 內的搜尋結果
3. 建議的影片（推薦）

---

1 與 2 是 YouTube SEO 可以處理的部分，只有 3 不是，而且從建議
的影片導入的流量占整體的 90%，是非常重要的流量途徑。

觀賞 YouTube 時，應該有很多人會從顯示在首頁畫面，或影片右側
的建議影片中，點選、觀看有興趣的影片吧（請見下一頁的圖示）。
推薦的影片或建議的影片是根據 YouTube 的演算法，顯示符合使用
者行為的結果。

● 首頁畫面的推薦區域

● 建議的影片區域

換言之，YouTube 是有著強大推薦引擎（Recommendation Engine）元素的平台。

透過 Google 搜尋內容的使用者是主動且自發性地尋找資料。然而，YouTube 比 Google 搜尋被動，使用者是不自覺地持續觀看被推薦的影片。

基於這一點，YouTube 的演算法與一般的 Google 搜尋演算法相比，較為重視使用者。

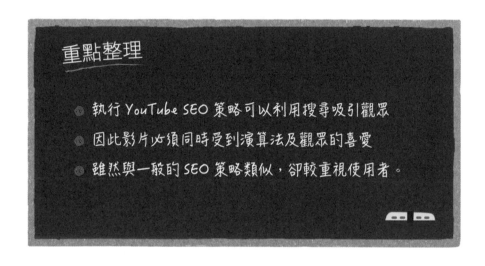

重點整理

◎ 執行 YouTube SEO 策略可以利用搜尋吸引觀眾
◎ 因此影片必須同時受到演算法及觀眾的喜愛
◎ 雖然與一般的 SEO 策略類似，卻較重視使用者。

02 執行關鍵字策略以擴大客源

1 分析目標關鍵字（使用工具）

雖然建議或推薦影片可以導入很大的流量，卻也不能忽視來自 YouTube 搜尋或 Google 搜尋的流量。因此採取適當的關鍵字策略就很重要了。當使用者以特定的關鍵字搜尋影片時，關鍵字策略可以讓你的影片排在比較前面，所以你得根據關鍵字來思考該製作何種影片。

執行搜尋關鍵字策略時，必須先確認你設定的目標關鍵字是否有需求（該關鍵字會不會被搜尋）。請使用工具確認你經營的頻道適合哪些關鍵字。

提到篩選關鍵字的典型工具，就會想到「rakko keyword」（請見第 79 頁的圖示）。rakko keyword 是可以調查建議關鍵字（與某個關鍵字一起被搜尋的相關關鍵字）的工具。這個工具會從 Google Suggest、Bing Suggest、YouTube Suggest 等取得資料並顯示。

●「用副業賺錢的方法」YouTube 的搜尋結果

●「副業」Google 的搜尋結果

● 在搜尋引擎輸入關鍵字搜尋

● 在 YouTube 搜尋輸入關鍵字搜尋

在「rakko keyword」的搜尋框內輸入特定詞彙，就會顯示相關的關鍵字清單。圖中的例子是把「推薦」、「在家」、「納稅」等顯示為與「副業」相關的關鍵字。

如果要把其中一個關鍵字當作目標來製作影片，應該選擇哪個關鍵字呢？若要確認關鍵字的需求，亦即搜尋量，可以使用「Google Keyword Planner」工具。

利用這個工具，就能瞭解這個關鍵字每月的搜尋量，確認其「需求」。

Google Keyword Planner

STEP1

進入 Google Keyword Planner 網頁，然後登入帳戶（請見上一頁上圖）。

● rakko keyword（https://related-keywords.com/）

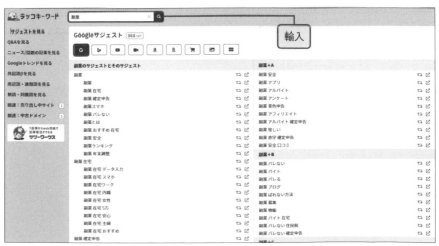

● STEP1　登入 Google Keyword Planner
　（https://ads.google.com/home/tools/keyword-planner/）

● STEP2　查詢每月搜尋量

● STEP3　輸入想查詢的關鍵字

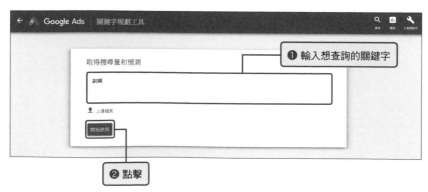

● STEP4　切換標籤

點擊

● STEP5　確認搜尋量

確認

STEP2

接著點擊 Google Keyword Planner 首頁右邊的「取得搜尋量和預測」（請見上一頁的中圖）。

STEP3

在「取得搜尋量和預測」輸入想查詢的關鍵字（請見上一頁下圖）。如果包含兩～三個詞的複合關鍵字，請輸入空格隔開。你也可以一次查詢多個關鍵字，請利用逗點隔開每個關鍵字。輸入完成之後，點擊「開始使用」鈕。

STEP4

點擊網頁左方的「關鍵字企劃書」（請見上一頁上圖）。

STEP5

確認搜尋量（請見上一頁下圖）。在「平均每月搜尋量」欄內的數字就是該關鍵字的搜尋量。這個範例查詢的關鍵字是「副業」，結果一個月平均被搜尋了 1,000 ～ 1 萬次。由此可知這個關鍵字有一定的搜尋量。

如果是完全沒有被搜尋的關鍵字，亦即沒有需求的關鍵字，會顯示為「—」。若把搜尋量較少的關鍵字當作目標關鍵字，幾乎不會經由搜尋結果獲得流量。

我們可以透過這項指標得知，未來製作的影片內容有多大的市場需求。

2　從關鍵字的搜尋意圖思考影片內容

找到有需求的關鍵字之後，就立刻著手製作影片。此時，最重要的是「把何種內容製作成影片」。

思考「來自關鍵字的流量」時，必須先瞭解「搜尋關鍵字的意圖（目的）」，並呈現在影片內。例如，在 YouTube 搜尋關鍵字「副業」的人有什麼目的？

- 想知道關於副業的哪個部分？
- 何種內容的影片可以滿足他們？

評估這些假設，並滿足使用者的搜尋意圖，藉此製作出使用者滿意度較高的影片，比較有機會被 YouTube 的演算法推薦。

你可以利用以下這些方法推敲使用者的搜尋意圖。

實際搜尋並由搜尋結果推敲意圖

在 YouTube 搜尋「副業」，從結果可以得知，這些影片包含了「容易做」、「免費」等簡便性，以及「推薦」等元素。

檢視建議關鍵字

在 YouTube 的搜尋框內輸入關鍵字，會在下方顯示建議關鍵字（YouTube Suggest，請見下一頁下方的圖示）。這些是與主要關鍵字一起被搜尋的複合關鍵字，YouTube 認為「可能有人想知道這些內容？」而提出建議（Suggest）。這些關鍵字也代表了使用者的搜尋意圖。例如顯示「用副業賺錢」、「副業　推薦」等。

● STEP1

● 檢視建議的關鍵字

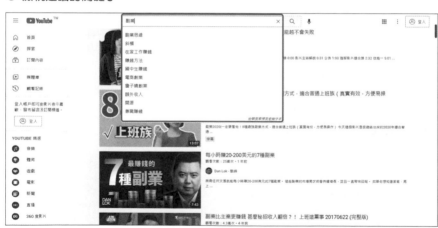

基於這些因素，我們可以推敲出在 YouTube 搜尋關鍵字「副業」的人可能有以下的搜尋意圖。

- 想知道可以輕易從事的副業
- 想知道別人推薦的副業
- 想知道用副業賺錢的方法

你必須製作出能徹底滿足這些搜尋意圖的影片。

據說 YouTube 可以讀取影片對白內的關鍵字，並反映在搜尋或推薦結果中。如果原本應該是與副業有關的影片，實際點閱之後，內容卻毫不相干，觀眾與搜尋系統都會感到疑惑「奇怪了，怎麼不是討論副業的影片？」就會降低影片的評價。

倘若是高品質的影片，片中內容應該要適度說出相關語句，這樣才能獲得好評「影片內容很合理」，觀看影片的使用者也會感到滿意。

3 　請在影片標題加入關鍵字

YouTube的演算法最重視關鍵字，請一定要在影片標題放入目標關鍵字。例如，若以「副業」這個關鍵字製作影片，一定要在影片標題加上「副業」這個關鍵字。

除了主要的關鍵字「副業」之外，與搜尋意圖有關的關鍵字也請放在標題裡。

以下範例選擇了「免費賺錢」、「賺錢方法」、「月賺5萬」、「2020年最新」、「三種選擇」等詞彙，分別用來加入以下元素。

- 「免費賺錢」→ 以簡便性為訴求
- 「賺錢方法」→ 表示會提供KnowHow
- 「月賺5萬」→ 利用數字強調具體性
- 「2020年最新」→ 表示這是新的資料
- 「三種選擇」→ 使用具體數字提供建議

● 在標題輸入關鍵字

【2020年最新】タダで稼げる副業3選「副業で月5万円」を稼ぐ方法
KYOKO・59万 回視聽・8 か月前

今回はローリスクで簡単に月5万円稼げる副業についてお話ししていこうと思います。ただ副業しようと思っても ・時間があまりない ・自分にできることなんて何もない ・初期投資もできない こんな風に

【2020年最新】可免費賺錢的三種副業「用副業月賺5萬」的賺錢方法

標題是影片的入口，必須加入以下元素，讓使用者點擊，這點非常重要。

> 使用者會點擊的標題元素
>
> - 簡便性
> - 具體性
> - 限定性
> - 權威性
> - 資料的新舊
> - 疑問句標題
> - 影片的優點

4 準備 Metadata

「YouTube 會從標題及摘要判斷影片的內容」。這是筆者從以前一位 YouTube 官方合作夥伴經理得到的建議。標題及摘要等代表一部影片的資料稱作「Metadata」。

雖然判斷的方法不是只靠這些，但是關鍵字與 Metadata 是最重要的項目，這點是肯定的。

```
┌─────────────────────────────────┐
│  影片的Metadata                  │
│                                 │
│   ● 標題                        │
│                                 │
│   ● 縮圖                        │
│                                 │
│   ● 影片的摘要                  │
│                                 │
│   ● 影片的標籤                  │
└─────────────────────────────────┘
```

前面已經說明過標題的部分，所以這裡省略，不過縮圖、摘要、標籤等，都是成為影片入口的重要 Metadata。

標籤與縮圖將在第 103 頁與第 106 頁說明。影片的摘要相當於影片的說明，非常重要，必須用文字說明內容是否與影片標題（關鍵字）一致。摘要內一定要輸入的元素如下所示。

● 以「副業」為目標的影片摘要

必須放在摘要的元素

- 使用關鍵字，以淺顯易懂的方式說明影片的內容
- 影片的目錄
- 其他連結

摘要可以輸入 5,000 個字。首先請扼要說明影片的內容，包含目標關鍵字及相關關鍵字。此時，最重要的是一開始就放入重要的關鍵字。YouTube 會讀取這個區域內的文字，同時大致掌握「影片包含了哪些關鍵字？」

5 設定目錄

我們可以在 YouTube 的摘要設定章節並加上目錄。設定目錄能讓觀眾從想看的地方開始播放，或回到指定的位置重新觀看。

● 搜尋結果上的目錄顯示方式

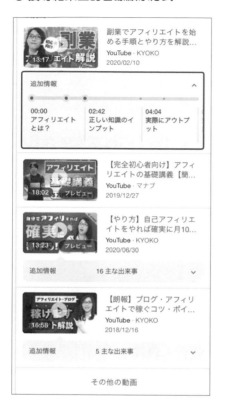

● 顯示影像章節

● 目錄的描述方法

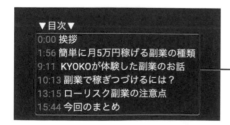

放入指定的時戳，
寫上章節名稱

加上目錄之後，Google 的搜尋結果也會產生很大的差異。有了目錄，顯示區域就會變大（請見上一頁的圖示）。

正確設定目錄之後，就能收合起來，並以「補充資料」的方式呈現。

最近也可以看到在時戳（目錄的時間設定）的位置，用影像呈現章節的方式。

目錄的設定很簡單，只要在摘要加入特定時戳（目錄的設定時間），輸入章節名稱即可。記得要用半形英數字輸入時戳。

此外，在章節名稱放入影片的主題關鍵字或相關關鍵字，就能加強主題性。

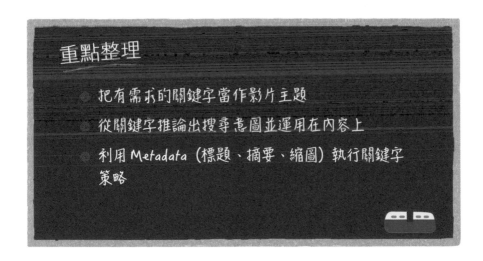

重點整理

◎ 把有需求的關鍵字當作影片主題

◎ 從關鍵字推論出搜尋意圖並運用在內容上

◎ 利用 Metadata（標題、摘要、縮圖）執行關鍵字策略

03 列入建議影片的策略

1 推薦與參與度息息相關

搜尋策略是比較技術性的內容。前面說明過，透過 YouTube 導入的流量有很大的比例是來自「推薦」及「建議的影片」。這裡要說明推薦、建議影片的策略。

出現在推薦或建議影片的影片包括以下內容。

> 1. YouTube 畫面中的「推薦」是依照觀眾的興趣、嗜好最佳化的結果
> 2. 各影片的「建議影片」是根據資料的關聯性與使用者的觀看習慣所產生的結果

第 1 項必須推測會觀看你的頻道的觀眾還喜歡看哪些影片。

第 2 項則要考量到各影片使用者的滿意度，以及與其他影像的關聯度。

YouTube 希望透過推薦及建議的影片，讓使用者在平台內觀看更多影片，並累積更長的觀看時間。考量到這一點，讓影片出現在首頁畫面中的推薦，或顯示在建議的影片內，將會是「製作優質影片」的大前提。因為當品質不佳的影片出現在推薦或建議的影片中，觀眾會離開頁面，減少使用 YouTube。

YouTube 如何評估使用者滿意度？其實就是檢視每部影片的**參與度**。影片的參與度是由以下元素來衡量。

> **參與度是指**
>
> - 觀看次數
> - 觀眾續看率
> - 評分按鈕
> - 留言數量
> - 分享次數
> - 頻道訂閱

這些數值較高的影片會定義成「高品質影片」。

另外，還必須注意到影片的 關聯性 。關聯性要同時考量「你的頻道影片」與「其他頻道的影片」。

以下照片是播放筆者頻道中的一部影片時，出現在建議影片內的所有影片都是「筆者的影片」。當你的影片以這種方式顯示在建議的影片時，可以讓觀眾循環看到頻道內的其他影片，藉此提升整個頻道的觀看次數。

與其他頻道的影片有著較高關聯性時，也會顯示在該影片的建議影片中（請見下一頁的圖示）。你可能會認為「只要模仿觀看次數較高的影片主題，就會出現在建議的影片內了。」然而事實並非如此。

● 頻道內的影片彼此有著高關聯性的狀態

因為顯示在建議影片內的影片並非只是主題相似，就某種程度而言，影片的等級也要差不多才會產生關聯性。

觀看次數 10 萬次的影片與觀看次數 100 萬次的影片很難產生關聯性，觀看次數同樣是 10 萬～ 20 萬次，等級差不多的影片才會出現在建議的影片中。如果常被看到，增加觀看次數，就會出現在更高等級的建議影片中。

> 關聯性的評估標準
> - 主題（與關鍵字一致）
> - 縮圖的相似性
> - 使用標籤的相似性
> - 觀看次數的相似性
> - 過去的觀看記錄
> - 每部影片的跳出資料

不論哪種情況，建議影片內的影片都一定有這些共同點。

● 顯示在其他頻道的建議影片

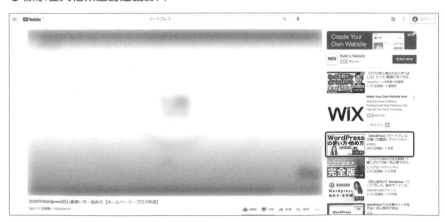

另外，比較少人知道的是「每部影片的跳出資料」。據說 YouTube 會透過影片的結束畫面或摘要，查看使用者跳到其他影片的 URL 來評估關聯性。

2　日後的成長與最初成效有關？

「與最初參與度較低的影片相比，最初參與度較高的影片日後的成長幅度較大。」

我們很常聽到這種說法。事實上，包括 YouTube 在內，所有社群網路服務都是最初的成效愈好，日後愈容易擴大規模。發布後立即獲得熱烈迴響的影片比較容易被傳播，或被 YouTube 推薦，參與度也會因此增加。曝光率隨著時間遞減，參與度就會逐漸變低（請見下一頁上圖）。

當然，最初的成效不代表一切，只不過考量到最初成效較好的影片通常都有不錯的傳播效果，就不難理解最初的成效在社群網路服務中是多麼重要了。YouTube 影片與 Twitter 或 Instagram 的貼文不同，屬於長壽內容。因為一旦被顯示在建議的影片中，舊影片也會持續被播放。事實上，筆者的頻道內觀看次數大幅成長的影片，幾乎最初的成效都優於他影片。

● 所有社群網路服務的傳播效果示意圖

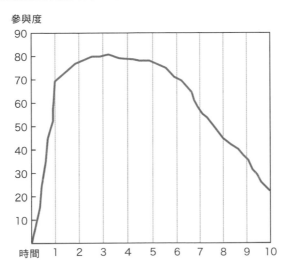

● 利用 YouTube 工作室檢視最初的成效資料

透過 YouTube 工作室 可以確認影片的觀看次數（請見上一頁下圖）。
觀看次數較高的影片會顯示為「第一名（共 10 部）」。這個順序會在
上傳影片後的 30 分鐘顯示，可以當作最初成效的參考標準。

「觀眾續看率」會大幅影響來自建議影片的流量

在參與度的指標中，觀眾續看率格外重要。

影片上傳後會被瀏覽多少次取決於來自建議影片的流量，但是這點
與觀眾續看率有著很大的關係。

從筆者的影片可以歸納出「**在 10 到 15 分鐘的影片中，觀眾續看率達
到 40% 以上的影片，自建議影片導入的流量較大。**」這樣的資料。

影片愈長，觀眾續看率愈低，你可以把以下數字當作大致的標準。

- 5 ～ 10 分鐘的影片　觀眾續看率 50% 以上
- 10 ～ 15 分鐘的影片　觀眾續看率 40% 以上
- 15 ～ 20 分鐘的影片　觀眾續看率 30% 以上

想提高觀眾續看率，就得重視影片的內容。以下這種影片觀眾馬上就會停止觀看。

> - 影片的內容很無趣
> - 影片或聲音品質不佳
> - 無聊的前言太冗長
> - 縮圖或標題與內容不符

強調觀看這部影片的優點，同時提醒觀眾看到最後，這種方法也有不錯的效果。

● 利用 YouTube 工作室確認觀眾續看率

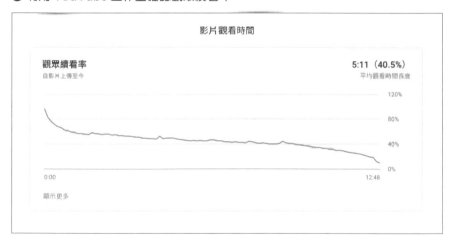

3 | 首先要讓頻道現有的訂閱者滿意

在 YouTube 上傳影片後，最先觸及到的是頻道訂閱者。反應良好的話，就會顯示在推薦或建議的影片中，這樣觀看次數就會成長。因此製作影片時，一定要先讓頻道的訂閱者感到滿意，還要保持頻道的專業性，並持續更新影片。

假如你發布了內容與過去截然不同的影片，將無法獲得頻道訂閱者的好評，這樣會讓該影片的點閱次數無法成長。筆者的頻道最初是以「一頁式網站」的小眾市場聯盟行銷手法為主題。可以滿足當時頻道訂閱者的影片當然就是與一頁式網站有關的內容。當時筆者偶爾會發布與商業思維有關的影片，但是反應總是很差。

● 確認 Youtube 的流量途徑

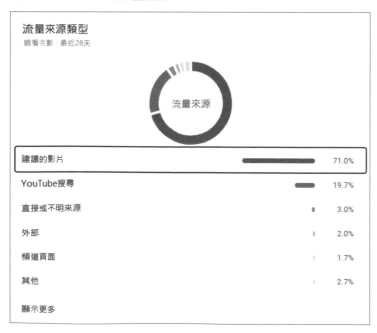

「你的頻道訂閱者喜歡何種內容？」剛開始一定要思考這一點。

調整頻道專業性及頻道主題的部分將在第 114 頁說明。

4 縮圖的相似性

想讓影片出現在建議的影片，縮圖的相似性（模仿縮圖）也很重要。

截至 2020 年 10 月筆者撰寫本書的當下，模仿縮圖的重要性似乎沒有以前高，卻也不是完全不重要。

以地獄辛辣為主題的影片，共通點都是「在紅色背景中的人物嘴巴為半開。」其他還有許多類似的情況，在某部影片的建議影片中，通常可以發現共通點。

模仿縮圖的範例

- 整體以白色背景居多
- 全是紅色文字的縮圖
- 在縮圖寫上共通的文字

要讓影片顯示在建議影片中，意識到縮圖的相似性也很重要。倘若你「希望讓影片出現在這部影片的建議影片！」請仔細觀察已經顯示在建議影片內的影片縮圖及標題（請見下圖）。如果找到共通點，請務必加入你的影片中。雖然出現的機率不是百分百，但是考量到這是複雜演算法的重要元素之一，建議你最好這樣做。

此外，請盡量統一頻道內縮圖的風格，這樣可以提高「在你的頻道的建議影片中，顯示你的影片的機率」。

● 顯示縮圖相似性的 YouTube 搜尋結果

筆者的頻道以綠色為基調，出現在建議影片內的其他影片縮圖也以綠色居多。

此外，筆者的頻道常用黃色文字，當然也有不這樣設定的影片，但是顯示出來的影片全都是黃色文字。

「先統一頻道內的影片縮圖設計，若想出現在其他影片的建議影片時，再進行微調。」利用這種方式經營頻道，可以採取適合自己的頻道，也適合其他影片的策略。

5 標記最佳化

YouTube 包含以下兩種標記。

1. 主題標記（Hashtag）
2. YouTube 標記

● 在個人頻道的建議影片中，顯示了類似的影片

主題標記（Hashtag）是發布者在上傳影片時，描述在摘要，並以藍色文字顯示在影片正下方（請見下一頁上圖）的內容。請在主題標記設定影片的主題關鍵字、頻道名稱等，數量以三個為限。

主題標記會變成連結，點擊之後，就會顯示加上相同標記的影片，或關聯性較高的影片清單。如果觀眾從主題標記的連結跳轉到另一部影片，YouTube 會認定兩者有關，進而提高影片與標記的關聯性。

YouTube 標記不會顯示在表面，而是利用上傳影片時的詳細設定新增標記（請見下一頁下圖）。YouTube 在上傳影片時，會進行資料分析「這部影片的內容為何？」包括標題、摘要文字、影片內的對話內容，還有 YouTube 標記。

YouTube 標記要設定與該影片有關的大關鍵字，中關鍵字、小關鍵字，還有設定頻道關鍵字、同類別的類似頻道名稱。最好別像垃圾訊息一樣設定數十個標記。

標記的效果見仁見智，筆者以輕鬆的態度看待。過去筆者曾與YouTube 官方網站的夥伴經理聊過，對方也表示「做總比不做好」。

● 顯示主題標記

● YouTube 標記的設定畫面

重點整理

- 要讓影片出現在建議影片中，必須以「製作優質影片」為前提。
- 重視與其他影片的相似性
- 上傳影片時的最初成效很重要
- 滿足現有頻道訂閱者的影片比較容易出現在建議的影片中

04 從被點擊的影片到 被看見的影片

1 糟糕的縮圖一切免談

你一定沒想到 YouTube 最重要的元素竟然是縮圖。

你可以把系統自動篩選出來的其中一張圖當作縮圖，也可以製作客製化縮圖。但是筆者建議最好盡量自行客製縮圖。

不論是瀏覽首頁畫面或在 YouTube 進行搜尋，觀眾都是從大量影片中，根據縮圖來決定是否觀看影片。

與 Google 搜尋不同的是，YouTube 屬於被動式平台，觀眾通常會觀看 YouTube 推薦的影片。因此必須利用縮圖吸引觀眾，與其他競爭對手的影片做出差異化，否則就算是優質內容也不會有人看。

沒有被點擊，影片就不會被收看，影片沒有人看，自然也不會出現在推薦或建議的影片中，最終成為失敗的作品而被埋沒。

哪種影片會被點擊？請注意以下三點。

① 影片內容一目瞭然

塞滿資料的縮圖會給人影片內容很難瞭解的印象。請選擇用智慧型手機滑過，也能立刻直覺瞭解內容的縮圖。

- 使用主要關鍵字
- 以利益為訴求
- 拋出問題

只要把其中一種元素加入縮圖內，影片就容易被點擊。下圖是筆者的影片縮圖，使用這樣的縮圖，就算是只看一眼，也會注意到「一定賺錢」這幾個字，有需求的人就會點閱。

● 一目瞭然的縮圖範例

② 使用大型文字

選用較大的文字也很重要。多數人都是使用智慧型手機瀏覽
YouTube，用手機這種小尺寸螢幕檢視畫面時，縮圖的文字太小就會
看不清楚。

筆者認為使用大型文字放上最想傳達給觀眾的重點，再加上主體就
夠了。比起花俏的縮圖，最近較流行簡潔風格。

③ 在相同主題脫穎而出

在類似的影片中，夠不夠顯眼也很重要。但是在類似影片中，縮圖
的風格若差異太大，也可能降低關聯性。因此請把重點放在讓影片
出現在建議的影片中，並從中思考如何製造差異化。

> - 背景顏色雖然與其他影片一樣，卻刻意選用不同顏色的文字
> - 措辭相似，卻刻意選擇不同顏色的背景

你必須像這樣運用一點巧思。

有些人在思考如何從大量影片中，抓住觀眾目光時，會過度執著相
似性，製作出與其他影片幾乎一樣的縮圖，這樣反而無法讓影片脫
穎而出。

此外，你也可以選擇具有衝擊效果的主體來提升點閱率。

2　選用引人入勝的標題！

觀眾看了縮圖之後，接下來會確認的元素就是 標題 。他們會立刻檢視縮圖與標題，決定「是否觀看影片」。即使縮圖很吸引人，但是確認了標題之後，若覺得「好像不太一樣……」，就會放棄觀看。

標題該怎麼下？請根據以下重點來思考標題。

① 標題含有目標關鍵字

在頻道訂閱人數還不多時，上傳的影片很難出現在建議的影片或被推薦。這是因為此時還無法讓多數頻道訂閱者滿意，獲得參與度。

為了創造實績，必須先讓觀眾觀看影片才行。你得透過 YouTube 搜尋來曝光你的影片。

此時，你要做的就是在標題加上目標關鍵字。假設想用「副業　推薦」這些關鍵字來曝光影片，請依照以下方式設定包含「副業」及「推薦」兩個關鍵字的標題。

- 「【月賺 5 萬】推薦 5 個副業」

② 讓影片內容淺顯易懂的簡潔標題

要讓觀眾一看到標題就能立刻聯想到內容。例如和剛才一樣的「推薦副業」影片如果使用了以下標題會如何？

「試過很多工作卻賺不到錢，因此嘗試其他賺錢方法的影片」

這種標題讓人無法想像內容，也不會想點擊。

- 究竟你想要傳達什麼？
- 看了這部影片之後，可以獲得什麼好處？

無法明白這些重點，也不會有人觀看你的影片。

③ 加入打動人心的標語

請注意在標題加入以下這些具有吸引力的元素。

> 1. 權威性
> 2. 簡便性
> 3. 可靠性
> 4. 益處

在短短的標題中，很難放入所有元素，但是至少可以加入一到兩個。例如以下這樣的標題。

> 試過50個副業的我推薦成功率98%的5個「免費就能從事」的副業

既然已經試過 50 個副業，代表具有權威性，內容也具備可靠性。使用「成功率 98%」及「5 個」等數字，可以表現出具體的益處。「免費就能從事」也有著簡便性。

這充其量只是一個範例，你的標題未必要這麼複雜，但是一定要盡量加入具有吸引力的元素。

④ 使用符號

在 YouTube 的標題使用符號可以提高點閱率。這個原則也能套用在網站及部落格的文章上，有資料顯示，使用【 】、「 」、〔 〕等符號，點閱率可以提高 38%。

在開頭或結尾要強調或補充的事項使用符號，可以讓人更容易瞭解，外觀也較整齊。

3 　標題與內容不一致反而會降低評價

看到這裡，你可能會誤以為「只要加上精彩的標題，吸引觀眾點擊就好了！」這種想法是錯的。只為了讓人點擊而下的標題稱作「釣魚式標題」。你或許可以利用釣魚式標題讓人點擊你的影片。

可是如果沒有與標題相對應的內容，觀眾會做何感想？應該會立刻停止影片，另尋其他內容吧？

使用者的行為會對影片的評價產生極大的影響。

在 YouTube 的影片流量中，建議的影片占了極大的比例，會明顯影響該影片的觀眾續看率。標題與內容不一致時，將導致觀眾續看率降低，影片的曝光率亦會減少，也沒有人會評分、留言，更不會分享。

當你正確整合了「縮圖」、「標題」與「內容」之後，才算真正站在起跑點上，

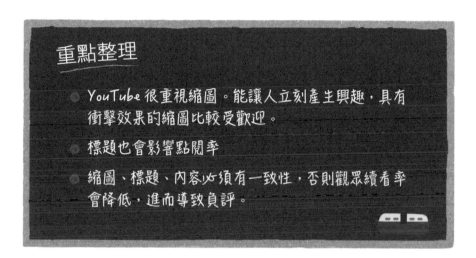

重點整理

- ◎ YouTube 很重視縮圖。能讓人立刻產生興趣，具有衝擊效果的縮圖比較受歡迎。
- ◎ 標題也會影響點閱率
- ◎ 縮圖、標題、內容必須有一致性，否則觀眾續看率會降低，進而導致負評。

05 重視專業性以強化頻道

1 為什麼專業性很重要？

站在觀眾的立場，觀看 YouTube，訂閱頻道時，大部分的人都是在看過該頻道的多部影片後，產生「這個頻道似乎很有趣」、「也想看看其他影片」的想法而訂閱頻道。

理想的狀態是，讓他們成為自己頻道的粉絲，並定期觀看過去上傳以及未來發布的影片。想增加這種粉絲，強化頻道，頻道的專業性就很重要了。

何謂頻道的專業性？比方說「專業的釣魚頻道」、「美妝頻道」等。以筆者為例，筆者的頻道是以「個人靠網路賺錢」為主。

經營特定主題的頻道，會增加頻道的權威性，也可以提高內容的可靠性。例如訂閱筆者頻道的人，他們主要的屬性是想知道在家用網路賺錢的方法。在筆者的頻道中，全都是與這個主題有關的影片，這點對訂閱者而言，應該算是一大優點。

如果筆者的頻道除了「個人靠網路賺錢」的主題之外，還混雜了「化妝技巧」、「釣魚方法」的影片，結果會如何？這樣觀看此頻道的理由就會變得薄弱。訂閱頻道代表「希望持續看到該經營者拍攝的影片」。除非頻道經營者本身有吸引觀眾的獨特魅力，例如娛樂型的頻道，否則沒有主題的頻道絕對很難獲得訂閱者。

高專業性有利於顯示在推薦上

此外，擁有專業性，可以增加顯示在建議影片或推薦時的點閱率。

「觀看記錄」是 YouTube 演算法在首頁畫面顯示推薦或建議影片時所參考的元素之一。在首頁畫面或建議的影片中，應該會出現過去看過的頻道中「其他還未看過的影片」。如果是比較專業的頻道，會顯示與之前看過的影片主題一致的其他影片，因而能提高點閱率。

若是缺乏專業性的頻道，YouTube 會從頻道內「還未看過的其他影片」中，選出與上次觀看主題不同的影片。

即使顯示為推薦，卻仍未被點閱的影片，在 YouTube 曝光也毫無意義。因此專業性低的頻道有個嚴重的致命傷，那就是影片很難讓人留下印象（曝光）。

2　頻道的設計方法

以下要說明如何設計具有專業性的頻道。以下兩點是設計頻道時的通用原則，不過這些原則也會隨著你要採取哪種收益方式而異。

---

1. 必須徹底分析頻道的人物誌（Persona）
2. 一開始就以成為利基市場的專家為目標！

必須徹底分析頻道的人物誌

首先你必須釐清頻道要發布的主題。這個主題的目標對象是誰，也就是要清楚掌握人物誌。

簡單來說，人物誌就是目標使用者。先釐清人物誌，發布的主題就不容易產生落差，可以維持頻道的一致性與整合性。

人物誌的設定方法

人物誌沒有固定的設定方法。以筆者為例，當我想提高公司服務的知名度或促銷時，就會設定人物誌。按照以下方式釐清人物誌，可以推測出打動人物誌的內容。

> 1. 從目標反推有需求的人物誌
> 2. 假設該人物誌的背景資料（煩惱、生活狀況等）
> 3. 化身成該人物，思考有什麼資料會讓你想使用公司的服務或商品
> 4. 利用關鍵字推測出必要的內容

新手很常犯「設定多個人物誌」的錯誤。「A、B、C 都能接受的內容」最後會成為無法打動任何人的安全牌內容。你為了一個人物誌所製作的內容，若能深深打動那個人，他就會成為你的鐵粉。困擾一個人的問題，也可能困擾 100 個人，因此請先假設「只有一個人」需要你的內容。

一開始就以成為利基市場的專家為目標！

設計頻道時，建議一開始就以成為特定主題（利基市場）的專家為目標。

例如「瘦身」就是一般常見的廣泛主題。正常來說，這是一個頻道訂閱者的規模可以達到 100 萬人的市場。

可是想用這個主題建立頻道，絕對會有很多競爭對手。不難想像這些競爭對手的影片品質一定都很好，經營者的個性及獨創性也很優秀。

倘若你原本就是瘦身界的名人，想建立一個新頻道則另當別論。如果你只是個無名小卒，想挑戰這個主題就顯得有點輕率。

以筆者為例，雖然現在筆者以「用網路賺錢」、「個人賺錢術」為主題在發布影片，可是剛開始經營 YouTube 時，卻是介紹聯盟式行銷中的「一頁式網站」手法。

筆者過去曾把「與一頁式網站有關的任何資料」都完整放入影片中，在特定領域建立權威性，經營專業頻道。

強化頻道需要專業性，主題愈大，資料量也愈多。可以想像得到，以「瘦身」為主題要網羅所有資料會有多困難。

成為利基市場的專家所需要的資料量通常比廣泛主題還侷限。如果你是從零開始經營 YouTube 的新手，選擇利基市場比較容易發展出專業性。

3 「播放清單」相當於部落格的「分類」

YouTube 要持續更新，這點很重要，持續下去，勢必得將各個影片分類。

假設頻道的主題是「瘦身」，可以將頻道內的影片分成「瘦腿」、「重量訓練」、「有氧運動」、「飲食管理」等。

以頻道為單位，重視專業性，再進一步建立「小型專業領域」，這就是「播放清單」的功用。

YouTube 的觀眾常喜歡播放類似的影片，和部落格的分類一樣，先把類似的影片整合起來，就能提高連續播放的可能性。將類似的熱門影片變成系列，並整合成播放清單，可以方便觀眾檢視多部影片。

每個播放清單都會有自己的 URL，在相關的影片摘要內輸入 URL，可以提高觀眾在頻道內的停留率。

播放清單會出現在 YouTube 的搜尋結果，或顯示在建議的影片中，請好好善用這項功能。

4 自訂頻道簡介資料

決定了要經營何種頻道後，請開始自訂**頻道簡介資料**。

筆者覺得重要的項目有以下三點。

1. 頻道名稱
2. 頻道簡介
3. 頻道標記

你可以在 **YouTube 工作室**的「設定」與「自訂」編輯這些項目（請見下一頁圖示）。

頻道名稱

如果你不是名人，或已經小有名氣，最好輸入與頻道主題有關的關鍵字。因為搜尋時，頻道名稱也可以成為線索。

● 可以自訂頻道簡介的地方

知名度高的人，會把頻道名稱設定成「自己的名字」，或許能經由搜尋獲得部分流量。若非如此，最好要包含搜尋需要的關鍵字。

例如以瘦身為主題的頻道，設定成「○○的健康瘦身 channel」比「這是提供資料給想變瘦者的頻道」更適合。因為當使用者以「瘦身」這個關鍵字搜尋時，比較可能會顯示你的頻道。

頻道簡介

頻道簡介的思考方式和每個影片的摘要一樣。請把整個頻道的說明（description）寫在簡介欄。

- 這是哪種頻道
- 誰在經營
- 想給誰看
- 看了這個頻道的優點

請使用頻道的主題關鍵字來說明這裡的內容。

例如瘦身頻道可以在簡介輸入以下關鍵字。

- 瘦身
- 重量訓練
- 跳舞
- 運動
- 飲食

這樣與「瘦身」主題有關的其他項目也容易透過搜尋被找到。

● 頻道名稱、頻道標記的設定位置

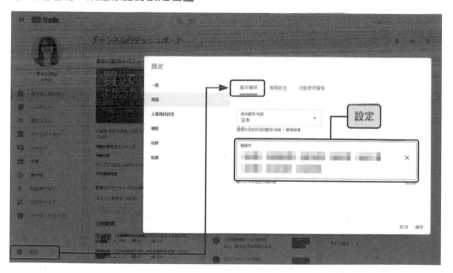

頻道標記

除了每個影片有標記之外，整個頻道也有標記。設定頻道標記，當使用者以該關鍵字搜尋時，比較容易找到你的頻道（請見上一頁的圖示）。

頻道標記要設定成與頻道主題一致，具有搜尋量的關鍵字。用半形逗點隔開可以設定多個標記。

提高專業性是 SEO 的基本原則。這個原則除了 YouTube 之外，部落格及 Twitter 也同樣適用。

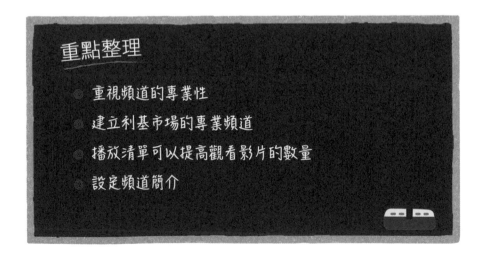

重點整理

- 重視頻道的專業性
- 建立利基市場的專業頻道
- 播放清單可以提高觀看影片的數量
- 設定頻道簡介

06 增加頻道訂閱人數的技巧

1 剛開始的更新頻率很重要

增加頻道訂閱人數的技巧之一，就是「維持固定的更新頻率」。

這一點和電視節目一樣，要讓觀眾養成看節目的習慣，就得維持固定的更新頻率。此外，如果是沒有知名度的新手，最好盡量提高更新頻率，讓觀眾知道你的存在。

筆者最常被問到的問題就是「可以每天更新嗎？」這個問題不可一概而論。如果能持之以恆，最好每天更新。不過比起其他社群網路，YouTube 是非常耗費腦力的媒體。雖然也有網紅天天發布影片，但是這並不簡單。

如果無法持之以恆而變成不定期更新，反而適得其反。最好一開始先設定成可以持續更新的頻率，比方說「一週更新兩次」、「星期二與星期四更新」等。

當然，最好盡量多發布影片，可以的話，發布次數愈多愈好。因為當
YouTube 或觀眾認為「這是經常更新的頻道」，比較有機會被推薦。

更新時間的一致性

請記住「更新時間的一致性」非常重要。當觀眾已經養成收看頻道的
習慣，突然改變更新頻率可能導致觀眾離開。

筆者也曾有一段時間停止更新 YouTube 頻道。改變觀眾已經習慣的
上片頻率，即使發布新的影片，觀看次數也會降低。想恢復以往的
水準，就得再次維持一致性，持續穩定地發布影片。

2　人物誌觀看影片的時段？

想要有效增加頻道的訂閱人數，掌握頻道的觀眾，也就是人物誌會
在何時觀看影片就很重要了。

你可以在 YouTube 工作室的**數據**分析中，確認影片在每週幾、哪個時段比較容易被觀看（請見下圖）。

以筆者的頻道為例，**觀眾最常**收看影片的時段是週六、日的晚間（晚上 8 點以後）。筆者的頻道屬於商業類型，可以推測人物誌白天忙於本業，所以上班時段沒有時間觀看影片。

如果是以孩童為對象的頻道，週日白天的收視率會比較高。而烹飪類的頻道可能是平日的收視率比較好（因為週六日的外食機率高）。

根據頻道的人物誌，選擇適合的時段發布影片，與前面在建議影片的策略中說明過的「掌握最初成效」有關。一發布就獲得熱烈反應的影片比較容易出現在推薦或建議的影片中，可以加深印象。同時頻道的訂閱人數也比較容易增多。

● 確認觀眾觀看影片的時段

3 可以獲得訂閱人數的內容種類

YouTube 的影片有以下三種內容分類。

> 1. HERO 內容
> 2. HUB 內容
> 3. HELP 內容

取這三個單字的第一個字母，又稱作「3H 策略」。以下將分別說明其代表的意義。

HERO 內容

HERO 內容是指所有人都感興趣的一般影片內容，硬要說的話，就是「主題廣淺的內容」吧！

HUB 內容

HUB 內容與 HERO 內容相反，這是屬於能打動頻道核心粉絲的特殊內容。

HELP 內容

HELP 內容是解決某個煩惱的內容。例如教學影片就是屬於這個類型。

會影響頻道訂閱人數的是 HUB 內容

利用 HERO 內容知道這個頻道,透過 HUB 內容瀏覽核心資料成為粉絲,訂閱頻道,以 HELP 內容讓觀眾感覺「有用」,進而回訪(請見下圖)。這三種內容密不可分,會直接影響頻道訂閱人數的是 HUB 內容。

就觀看次數而言,會產生影響的則是 HERO 內容。

● HERO 內容、HUB 內容、HELP 內容的作用

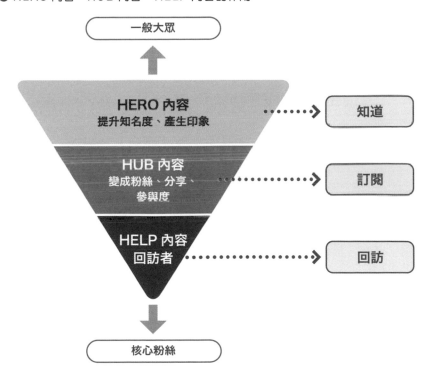

例如，筆者的頻道包含 HERO 內容，說明普羅大眾都有的一般煩惱「窮人的特徵」、「為了成功必須捨棄的東西」等，而「推薦的副業」、「用網路賺錢的方法」等影片比 HERO 內容還深入，這些是屬於打動核心粉絲的 HUB 內容。

最後還有具體的 Know How 內容，包括「網路寫作的方法」、「選擇關鍵字的方法」、「建置網站的方法」等。這些是訂閱者會反覆觀看學習的內容。

這些內容「不能只有一種」，請利用 HERO 內容擴大受眾，並運用 HUB 內容緊緊抓住人物誌的目光。

4　頻道成長階段的策略

剛開始經營頻道時，建議你成為利基市場的專家，以加快獲利速度。但是一成不變的經營會導致頻道停止成長。筆者認為每個類別的訂閱人數都有上限。

例如，以眾人關心的「瘦身」為主題的頻道，訂閱人數應可達到 100 萬人的規模。可是若以「聯盟行銷」為主題，1 萬～ 2 萬人就是天花板了。我想「部落格」的極限約為 5 萬人，而「副業」約 10 萬人。

如果想進一步增加頻道的訂閱人數，培養 YouTube 頻道，建議到了一定階段就要轉換主題。

筆者也經歷了以下過程，更改了主題，直到現在。

```
1. 一頁式網站
      ↓
2. 聯盟行銷
      ↓
3. 副業、用網路賺錢
```

現在筆者的頻道若要再擴大，就得轉換成更廣泛、同系列主題的範疇，如「商業」、「資金」等。

轉換主題一定要選擇「同系列主題」

這裡所謂的轉換主題頂多是擴大「同系列主題」，請別誤會了。

當你以「副業」為主題所經營的頻道獲得了一定成果時，不建議突然轉換成「瘦身」頻道。如果你想發布截然不同的主題，最好另外成立一個新頻道。

至少要選擇「現有頻道訂閱者可能有興趣的其他主題」，這點一定要特別注意。

附帶一提，剛開始擴大主題時，通常觀看次數會暫時下降。當筆者的影片內容從「一頁式網站」及「聯盟行銷」的 Know How，轉換成觀點稍微不同的「賺錢思維」之後，觀眾的反應減少了，感覺現有的頻道訂閱者「不想看這種影片」。

可是持續下去，就能逐漸深耕。慢慢用新主題提高專業性，吸引對新主題有興趣的觀眾，增加頻道的訂閱人數。

在你成立 YouTube 頻道時，必須先設想「可以擴大成何種主題」再做決定！

5　利用影片內的 CTA 提高訂閱人數！

增加頻道訂閱人數的大前提是製作出優質內容，但是光這樣還不夠。

你可以在影片內向觀眾呼籲「請記得訂閱我的 YouTube 頻道！」進行「CTA（Call To Action）」，提醒觀眾採取具體行動。

以下要介紹 CTA 的範例。

影片開頭的開場白

「你可以在這個頻道找到更多關於○○的資料，請記得訂閱我的頻道，這樣就能即時掌握最新消息！」

影片過場時

在影片過場時，可以花 1 ～ 2 秒說明「請幫忙訂閱頻道！」

影片的最後

你可以說「謝謝你的觀看，如果喜歡這個影片，請按讚，並訂閱我的頻道，謝謝！」

每個人的 CTA 措辭及方法都不同，這次介紹的只是其中一種範例。
不過可以確定的是「有做比沒做好」。

- 訂閱頻道的好處
- 到目前為止發布了何種影片＆未來會發布何種資料
- 這個頻道的獨特性或限定性

你必須說明這些內容，否則無法將訊息確實傳遞給觀眾。用言語宣
傳你的頻道有什麼魅力，促使觀眾訂閱頻道，他們就會採取行動。

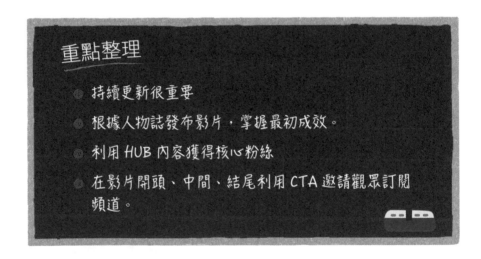

重點整理

- 持續更新很重要
- 根據人物誌發布影片，掌握最初成效。
- 利用 HUB 內容獲得核心粉絲
- 在影片開頭、中間、結尾利用 CTA 邀請觀眾訂閱頻道。

第3課 利用典型的廣告收入賺錢

廣告收入是利用YouTube賺錢最普遍的一種手法。這堂課要說明獲利條件及種類。

01 從 YouTube 獲得廣告收入的機制與概述

1 | YouTube 是一種宣傳媒體

YouTube 不只是一個發布、分享影片的平台。YouTube 使用者最典型的獲利方式就是「廣告」，因此 YouTube 也是一個有效的宣傳媒體。廣告商會為了宣傳自有商品而支付廣告費給知名頻道或熱門影片，藉此提高商品的知名度。

雖說透過 YouTube 可以獲得廣告收入，廣告商卻不是直接與你聯繫，而是利用網路廣告「Google Ads」來投放自有商品的廣告。

Google Ads 有好幾種，包括經常出現在 Google 搜尋結果中的廣告、橫幅廣告、展示型廣告等。YouTube 就是其中一種廣告曝光的地方。

廣告商利用 Google Ads 確定適合自有商品的類別，在 YouTube 曝光。這個廣告會出現在廣告商鎖定的類別且仍正常運作的 YouTube 頻道影片內，當曝光一定的時數，或廣告被點擊時，影片發布者就能從中獲利。

2 | 廣告收入是指 GoogleAdSense

觀看 YouTube 時，你應該曾在影片開頭及中途看過廣告，這就是 GoogleAdSense 廣告。

部落格也會使用 GoogleAdSense，只要有人點擊出現在你部落格內的 GoogleAdSense 廣告，GoogleAdSense 就會支付酬勞。

YouTube 的 GoogleAdSense 產生報酬的基準並非只有「點擊而已」。顯示在 YouTube 的廣告有好幾種，產生報酬的基準也會隨著顯示時間、點擊而有不同。

3 | YouTube 廣告的種類

YouTube 廣告大致可以分成以下幾種。

- TrueView 串流內廣告
- 串場廣告（Bumper Ads）
- 影片內重疊廣告（Overlay Ads）

串流內廣告是最常見的廣告（請見下一頁上圖）。這是觀看影片時，一開始播放 5 秒就可以略過的廣告。點擊廣告連結，或觀看廣告 30 秒以上，影片發布者就能獲利（也有不可以略過的廣告）。

串場廣告是 6 秒內不可略過的影片廣告（請見下一頁下圖）。不是「每次觀看」都會產生收入，而是「觀看 1,000 次才會產生收入。金額會隨著類別而異，大約是每 1,000 次觀看為 300 ～ 700 日圓。

影片內重疊廣告是指出現在影片下方中央的橫幅廣告，如第 140 頁的圖示。這是每 1,000 次觀看或被點擊就會產生收入。

如上所示，YouTube 有多種廣告，產生收入的基準也不同，單價會隨著類別而異。在 YouTube 的廣告收入中，常提到的「每次觀看○○元」是指這些廣告收入的大概數字（因為有些要達到 1,000 次才會產生收入，有些則需要被點擊）。一般而言，收入單價據說是每次觀看為 0.05 ～ 0.1 日圓，不過某些類別可能每次觀看超過 1 日圓。

● TrueView 串流內廣告範例

● 串場廣告範例

廣告單價會隨著類別而異

想透過 YouTube 廣告賺到錢，類別的選擇非常重要。因為不同類別的廣告單價也不相同。

假設廣告單價是每次觀看為 0.1 日圓，觀看次數的 10% 是獲利，觀看 1 萬次是 1,000 日圓。這樣的數字對新手而言難度很高，如果你想用廣告賺錢，建議盡量選擇廣告單價較高的類別。

● 影片內重疊廣告範例

筆者頻道的廣告單價是每次觀看 1 日圓或再高一點。單純以觀看 10 萬次來計算，每部影片可以獲得 10 萬日圓以上的廣告收入。

老實說，這樣的收入算高。筆者不曉得如何取得一樣的廣告單價，但是唯一可以肯定的是，影片的品質和類別是決定廣告單價的關鍵。

廣告單價高與低的類別

廣告單價高的類別是有大量資金流動的類別。銷售商品或服務時，利潤高的類別極有可能廣告單價也較高，例如以下這些類別。

- 轉職
- 商業
- 資產運用
- 房地產
- 重量訓練

相對來說，廣告單價低的類別通常觀眾群的購買意願較低。可能就算看了廣告也不感興趣，或即使點擊也不會產生購買行為，或是利潤較低的商品廣告，例如以下類別。

- 所有娛樂類別
- 以孩童為對象

你可以利用頻道主題或每部影片的關鍵字來確認廣告單價的標準（請見下一頁圖示）。這僅是「高或低」的概略標準，並非「每次觀看收入」的精確數字，但是也可以當作參考。

STEP1

利用關鍵字規劃工具分析關鍵字。關鍵字規劃工具是廣告商在投放廣告時，用來瞭解「在哪個類別投放廣告需要多少費用」的工具，以下就要運用這項工具。進入關鍵字規劃工具，點擊「取得搜尋量和預測」。

● STEP1 利用關鍵字規劃工具分析關鍵字

● STEP2 搜尋頻道的主題關鍵字或影片的關鍵字

● STEP3 確認「廣告出價」

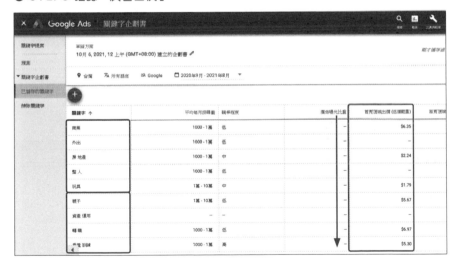

STEP2

搜尋頻道的主題關鍵字或影片的關鍵字。使用符合頻道類別的關鍵字或影片的關鍵字搜尋，就可以知道廣告商在該類別會「花多少金額投放廣告」。

STEP3

檢視「廣告出價」。由此可以得知「商業」、「轉職」等是廣告單價較高的關鍵字，而「玩具」等以孩童為對象的關鍵字，以及娛樂常見的「整人」等關鍵字的單價比較低。

站在廣告商的立場來思考就很清楚。廣告單價會隨著「投放廣告能有多少獲利」而變動。廣告商也希望可以在符合自有商品的頻道類別投放廣告，所以選擇適合的類別可說是獲利的捷徑。

重點整理

- YouTube 對廣告商而言是優秀的宣傳媒體
- 廣告有不同種類，產生收入的基準也不一樣，如顯示時間或點擊等。
- 資金流動大的類別，廣告單價較高，其他類別則較低。

02 符合參與 YouTube 合作夥伴計畫的條件

1 在 YouTube 營利的最低條件

想從 YouTube 獲得廣告收入，必須先加入 YouTube 合作夥伴計畫。
要參加合作夥伴計畫，得符合以下最低條件。

1. 頻道訂閱人數超過1,000人
2. 過去 12 個月內累積的有效公開影片觀看時數超過 4,000 個小時
3. 居住在已推出 YouTube 合作夥伴計畫的國家／地區
4. 頻道沒有未解除的《社群規範》警告

1 與 2 主要是判斷「頻道是否仍在運作」。「雖然成立了 YouTube 頻道，卻幾乎沒有使用」這種頻道不符合營利條件。YouTube 也希望可以善用廣告，因此會在積極上傳影片的頻道，或可以獲得頻道訂閱人數的帳戶顯示廣告。

關於第 3 點，如果住在無法使用合作夥伴計畫的國家，就沒辦法獲得收入。假如你住在台灣，這點當然沒有問題。

第 4 點是理所當然的條件，不過如果你經營以下這種頻道，就無法參加 YouTube 合作夥伴計畫。

- 發送垃圾訊息
- 傳播敏感的內容
- 暴力且危險的內容

如果你參加了合作夥伴計畫之後，才經營這類型的頻道，YouTube 將不會顯示廣告，也可能把帳戶暫時停權，甚至刪除帳戶。

2 是否有 GoogleAdSense 帳戶？

要在 YouTube 顯示廣告，必須連結 GoogleAdSense 帳戶。開始經營 YouTube 之前，若你已經有用於部落格的 Google 帳戶，請將該帳戶與 YouTube 帳戶連結。

如果沒有，就得建立新的 GoogleAdSense 帳戶。

GoogleAdSense 與 YouTube 建立連結

尚未擁有 AdSense 帳戶的人，可以在 YouTube 上建立帳戶。已經有 AdSense 帳戶的人，只要在 YouTube 登入，開啟營利即可。

1. 登入「YouTube 工作室」[1]。

2. 顯示「申請 GoogleAdSense」之後，接著建立帳戶。

3. 按照指示輸入內容，申請帳戶。申請帳戶需要幾日才會通過審核。

4. 建立帳戶之後，系統會傳送電子郵件，YouTube 工作室的「已申請使用 GoogleAdSense」會以綠色顯示「完成」。

---

1 https://studio.youtube.com/

5. 當你的頻道符合「頻道訂閱人數超過 1,000 人，有效公開影片觀看時數超過 4,000 個小時」時，透過 YouTube 工作室的「營利」開啟「影片營利」，就能張貼廣告。頻道審核大約需要一個月左右才會通過。

符合營利條件後，請將 GoogleAdSense 帳戶與 YouTube 帳戶連結，完成營利的準備。

重點整理

- 要獲得廣告收入必須加入 YouTube 合作夥伴計畫
- 條件是要持續更新頻道且帳戶沒有違反營利規定
- 需要 GoogleAdSense 帳戶
- 審核時間約一個月

03 靠廣告賺錢的關鍵是「數字」

1 「觀看次數」

使用 YouTube 賺取廣告收入的關鍵在於「觀看次數」。

前面說明過，選擇廣告單價較高的類別也是賺錢的策略之一，但是影片若無人觀看也毫無意義。

哪種影片會被較多的人觀看？在「可以獲得訂閱人數的內容種類」曾提及的「HERO 內容」就是屬於這一種。你必須製作以大眾為對象的內容。

話雖如此，筆者認為頻道主題與影片主題的廣度有著不同程度的難度。筆者要再次重申，廣告單價與觀看次數包括以下目標。

- 單價普通，屬於一般大眾會接受的類別，以大量觀看次數為目標
- 專業、高單價的小眾類別，目標是盡可能提高觀看次數

要以哪個為目標，會隨著頻道經營的風格而異（請見下表）。但是不論哪種條件，都必須盡量努力提高觀看次數。

不論哪種類別，任何狂熱主題的影片都較難打動使用者，觀看次數也容易受限。

● 頻道主題與內容的廣度

主題	內容（影片）	範例	優點、缺點
大眾主題	大眾內容	在「瘦身」這種一般的頻道主題（類別），發布同樣屬於大眾主題的「重量訓練」影片。	範圍廣泛，也可以獲得大量的觀看次數，但是競爭對手多又強，很難展現獨特性。若反應不佳，就不會被曝光（露出），不會被觀看。
大眾主題	小眾內容	在「瘦身」這種一般的頻道主題（類別）中，發布「蒟蒻的效果」這種小眾主題的影片。	影片的主題可能只有真正有興趣的人才會觀看。由於頻道主題廣，可以獲得一定的觀看次數。屬於小眾內容，競爭對手也比較弱。
小眾主題	大眾內容	在「用網路賺錢」的小眾頻道主題（類別）中，發布「用網路賺錢的方法」這種一般的大眾主題影片。	高專業性的小眾主題具有廣告單價較高的趨勢。其中，盡可能以大眾主題發布影片，就算觀看次數比較少，也能賺到錢。競爭對手少，容易製造差異化。

2 「影片的數量」

接下來的關鍵是「影片的數量（上片數量）」。

持續發布的 YouTube 影片會累積在頻道內。Twitter、Instagram 等社群網路會把舊的內容順著時間軸往後推，很難找到過去的文章，但是 YouTube 不一樣。就算是比較舊的 YouTube 影片，仍會被持續觀看，所以累積在頻道內的影片能成為一種資產。

在你的頻道中，與新發布的影片有關的影片，以及其他頻道最近發布的同主題影片，都會當作建議影片顯示，使得舊的影片有機會被重新觀看。

因此如果你想從 YouTube 獲得廣告收益，就得持續製作、發布影片。

3 「頻道訂閱人數」

想提升影片觀看次數，需要增加影片的印象（impression：露出）。不論製作了多麼優質的內容，如果無法觸及到任何一個人，就跟「沒有」是一樣的。

筆者要再次重申，想增加影片的印象，就得讓影片出現在推薦或建議的影片中。要成為被 YouTube 推薦或建議的影片，頻道訂閱人數的參與度很重要。由這一點來看，若你想靠廣告賺錢，「頻道訂閱人數」將會成為必要條件。

公開的影片可以觸及到廣大觀眾，使得頻道訂閱人數增加，同時提高反應率，當影片出現在推薦或建議影片時，可以進一步增加觸及人數？還是因為頻道訂閱人數增加，使得反應率變高，增加曝光之後，頻道的訂閱人數又再增加？

這是「雞生蛋，蛋生雞」的問題。為了符合賺取廣告收入的必備條件「增加觀看次數」，而製作優質內容，頻道的訂閱人數就會增加。

4 「廣告數量」

要追求廣告收益最大化，就得重視「廣告數量」。

一部影片中，可以插播的廣告不只一支。插播多則廣告能提高每部影片的廣告單價。

增加廣告數量的必要事項包括以下兩點。

> 1. 製作較長的影片
> 2. 運用片中廣告

想在 YouTube 插播多則廣告，必須製作超過一定長度的影片。簡單來說，影片愈長，可以插播的廣告愈多。

在影片途中插播的廣告稱作「**片中廣告**（mid-roll）」。片中廣告可以插入長度超過 8 分鐘的影片中。發布影片時，你可以設定片中廣告（請見下圖）。

發布影片時，勾選「影片廣告的位置」的「影片播放期間」方塊。如果你沒有特別設定片中廣告的插入場所，YouTube 會自動設定插播廣告的時間點。當然你也可以手動設定片中廣告的顯示位置。

● 設定片中廣告的方法

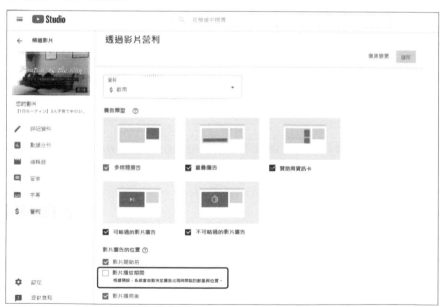

增加廣告數量時的注意事項

插播多則廣告時，必須注意觀眾續看率可能會降低的問題。基本上，使用者都討厭廣告，一旦觀眾續看率降低，影片或頻道的評價就會變差，這樣影片將很難出現在建議或推薦的影片中。

你必須斟酌影片的長度與插播廣告的數量。

為了提高廣告收入而增加插播廣告的想法無可厚非，但是若因此流失觀眾反而本末倒置。

重點整理

想用 YouTube 廣告賺錢必須注意四個「數字」！

1. 觀看次數

2. 影片數量

3. 頻道訂閱人數

4 廣告數量

符合營利條件
卻無法獲利的人
竹中文人

多數人只要符合 YouTube 頻道的營利標準「頻道訂閱人數超過 1,000 人，過去 12 個月內累積的有效公開影片觀看時數超過 4,000 個小時」，就可以開始營利。但是營利標準是申請審核的最低條件，未必能因此賺到錢。

天天發布影片，認真經營頻道，符合基本條件，卻無法獲利的人不在少數。想賺到錢，必須特別注意以下三點。

❶ AdSense 帳戶重複

YouTube 頻道若要營利，必須連結有效的 AdSense 帳戶。如果你還沒有 AdSense 帳戶，可以在 YouTube 工作室新增；若已經有 AdSense 帳戶，就得進行連結。

這裡的關鍵是「一個人只能有一個 AdSense 帳號」。

如果你已有一個 AdSense 帳戶，又新申請另一個 AdSense 帳戶的話，會出現「帳戶重複」的訊息。最慘的狀況是，無法解決重複問題而不能營利。

例如，過去為了讓部落格可以營利而申請 AdSense，或為了其他 YouTube 頻道而申請過 AdSense 帳戶。

只要提出申請，即使沒有通過，也會呈現建立 AdSense 帳戶的狀態。申請 YouTube 頻道營利之前，請先確認之前是否申請過 AdSencse 帳戶。

❷ 是否出現違規行為？

即使頻道本身沒有問題也未必會通過審核。頻道無法營利大多是因為「沒有符合使用要件」而無法通過。

筆者看過許多頻道因為這個理由而無法營利。究竟是哪個因素造成很難界定，但是可能是出現了以下這些問題。

- 你擁有的其他頻道被停權
- 曾經違反了政策或指引
- Google 帳戶曾違反規定

如果出現這些有問題的行為就可能無法營利。

除了帳戶及影片要合乎規定，連「頻道經營者」也會被一併檢視，因此平時就要避免做出違規行為。

❸ 購買頻道或委託代操業者

頻道訂閱人數沒有超過 1,000 人，就無法如願營利。此時，有些人會採取**購買訂閱人數、購買頻道、委託代操業者**等方法。

首先，購買訂閱人數或觀看次數稱作 Incentive Spam，YouTube 已經禁止這種行為。只要搜尋就能輕易找到販售業者，但是你**千萬別這麼做**。即使他們宣稱「絕對不會被 YouTube 發現。」也不能小看 Google 及 YouTube，違法行為一定會被發現。

此外，筆者也不建議購買頻道或委託代操業者操作頻道。因為他們販售的頻道可能利用了違法行為來增加訂閱人數或觀看時間，或透過盜取帳戶的方式擁有頻道。代操業者也同樣可能運用了違法行為才通過營利標準。

即使頻道本身沒有問題，但是你承接之後，可以持續提供滿足觀眾的影片嗎？

只要內容的方向正確，腳踏實地的經營頻道，不難達到營利標準。可是無法靠自己的能力通過審核，應該很難獲得較好的收入。

必須遵守的 YouTube 頻道營利政策？

營利時，有許多必須遵守的規則！其中最主要的是「YouTube 的頻道營利政策」。

- https://support.google.com/youtube/answer/1311392

在這個政策中，記載了以下準則及規範等。

- YouTube 社群規範
  https://support.google.com/youtube/answer/9288567
- YouTube 服務條款
  https://www.youtube.com/t/terms
- AdSense 計畫政策
  https://support.google.com/adsense/answer/48182
- 廣告客戶青睞內容規範
  https://support.google.com/youtube/answer/6162278
- 著作權等

請親自確認所有的內容，以下先扼要介紹必須特別注意的部分。

YouTube 社群規範

YouTube 社群規範是為了讓經營頻道的創作者與觀眾都可以安全使用 YouTube 的規範。

例如，禁止霸凌、騷擾、仇恨言論等暴力內容、性方面的內容、恐嚇內容、可能讓兒童的身心暴露在危險的內容。這裡指的「內容」除了影片之外，縮圖、影片說明、留言等也包括在內。

即使發布影片的頻道沒有問題，若在影片的留言出現辱罵、騷擾的言詞，也會違反社群規範，這樣可能導致頻道被停權。

AdSense 計畫政策

在 AdSense 計畫政策中，必須特別注意到「**無效點擊和曝光**」。

剛通過營利審核的人可能會自行點擊顯示在個人影片中的廣告，藉此產生收入。

「想確認廣告的功能」或「點擊一次應該沒關係」這樣做的人很多，可是這種行為已經違反了 AdSense 計畫政策。

此外，也不可以直接拜託觀眾點擊廣告「這個頻道是靠廣告收入在維持營運，請幫忙點擊」這樣的引導式說法也不行。

還有要注意無效的曝光。無效的曝光是指自己顯示自己的廣告。

部分顯示在 YouTube 的廣告即使沒有被點擊，也會產生收益。例如出現在觀看影片前的「可以略過的影片廣告」，即使觀眾沒有點擊，若他們看完整個影片廣告，或觀看廣告超過 30 秒，就會產生收益。

這種無效點擊或曝光可能會導致 AdSense 帳戶無效。AdSense 帳戶只要無效一次，之後就無法建立，請千萬小心。

如果想降低風險，也可以加入不會顯示廣告的 YouTube Premium。

其實不行！常見的違規行為是？

以下要介紹其實已經違規卻不自覺的錯誤行為。

前面已經說明過，購買頻道訂閱人數會變成 Incentive Spam。除此之外，即使沒有金錢交易，卻以增加訂閱人數為目的，而訂閱彼此頻道的行為也是違規的。市面上有訂閱彼此頻道的工具或社群，不過這算是詐欺行為，請別這樣做。

為了宣傳自己的頻道或影片，而到其他影片底下留言「這部影片讓我獲益良多！可以的話，也請瀏覽我的頻道。」請避免這種「回禮」的作法。

同樣的內容反覆大量曝光，YouTube 可能會認定為濫用，而且這樣也會造成其他使用者的困擾。倘若該名使用者的行為被 YouTube 判定為濫用，即使是有用的留言，也會變成保留狀態而不會顯示。

就算你反駁「這是名人推薦的方法」或「其他頻道也這麼做」YouTube 也不會接受。

長期獲利的必備工作

我想應該每個人都希望可以創造長期不斷的收入吧！可是就算通過 YouTube 的營利審核，也不保證可以長期獲利。

究竟該怎麼做才能長期獲利？

首先，最重要的是遵守規範及政策等規定。即使擁有大量頻道訂閱人數或觀看次數，也可能因為違反規定而被停止營利或停權，最後失去收入，這樣的人其實不在少數。因此，你必須先徹底瞭解並確實遵守規定！

第二是別只仰賴廣告收入。只要在 YouTube 工作室「開啟」營利，影片內就會插播廣告，獲得收入，管理也很簡單，可是不見得隨時都有廣告收入。

廣告收入十分仰賴廣告商，假如景氣不佳，廣告商就會減少投放廣告，降低廣告單價，收入可能因此銳減。

YouTube 在直播的聊天室中，提供觀眾花錢購買**超級留言**（Super Chat）與**超級貼圖**（Super Stickers），讓觀眾可以直接贊助創作者。

使用**會員**功能，可以經營限定會員的社群，讓觀眾每月支付月費。

YouTube 還增加了以介紹商品的方式，經由 YouTube 銷售自有商品，獲得非收入來源的功能。

如果要增加廣告以外的收入，最重要的是，培養支持你的忠誠粉絲。如果不是你的粉絲，應該不會提供贊助或參加會員制度吧！

第三點是對增加粉絲也很重要的影片。

請製作出**高獨特性**、**有價值的影片**、**原創影片**。有許多創作者已經加入 YouTube，未來也應該會持續增加，因此你必須與其他創作者有所區隔，培養自己的粉絲，。

也有很多人宣稱「這是我自己製作的影片！」卻與別人的影片極為相似，這樣就稱不上是「高獨特性的原創影片」。

提高獨特性的方法之一，就是加入你的**實際體驗**，或**唯有你才能傳達的內容**。

倘若你的影片資料是來自別人已經發布過的資訊，影片的獨特性與價值就不高，觀眾也沒必要特地去觀看你的影片。

依照個人風格來傳遞唯有你才能表達的內容，將會是持續增加粉絲的重要關鍵。

請一起努力提供有價值的資訊，培養大量粉絲吧！

作者簡介

竹中文人（たけなか ふみひと）

2003 年因個人興趣開始製作網站，而一腳踏入網路世界。現在仍持續建置網站、創作影片，並提供營利建議。

獲得 Google 的認證，是說明 AdSense 及 YouTube 官方社群的專家。

- YouTube 頻道：https://www.youtube.com/iscle
- 網站：https://www.iscle.com/

第4課 銷售自有商品、獨家內容

銷售獨家內容可以提高收入。這次要說明把影片當作吸引顧客的工具，藉此賺錢的方法。

01 銷售內容的機制與概述

1 何謂獨家內容？

這裡所謂的獨家內容是指「自行銷售的原創商品」，數位資料、消息、自家商品都包括在內。

簡單來說，在網路上賺錢只有兩種方法，包括「介紹別人的商品」以及「銷售自己的商品」。想要有效率且長期賺錢，最終必須以「擁有自有商品」為目標。

倘若你「沒有自己的商品」，必須從製作自有商品開始著手。

在網路上銷售獨家內容的流程如下所示。

① 認知（集客）

首先，必須讓使用者認識身為銷售者的你以及商品。因此要接觸大
眾，吸引顧客。

② 建立關係

- 你是什麼樣的人？
- 什麼樣的商品？
- 為什麼需要該商品，擁有了之後會如何？

你必須讓認識你的使用者理解以上內容。持續發布訊息，讓使用者瞭
解你的內容有何魅力，打造自我品牌與商品品牌，同時建立信任感。

YouTube 在「認知」與「建立關係」階段可以發揮爆發性的威力。

③ 銷售

經過 ① ② 階段之後，終於可以開始「銷售」獨家內容。

2 銷售獨家內容的特色

銷售獨家內容最大的特色就是可以賺到錢。

透過 YouTube 賺取廣告收入，或利用聯盟行銷賺錢，都是屬於介紹其他商品的商業模式。獲得最大利益的是銷售商品或服務的業者。

這種靠介紹其他商品來賺錢的商業模式必須依賴他人而且很難掌控。例如廣告商退出，或 YouTube 演算法改變而沒有廣告。

銷售自有商品的利潤比較好，可以賺到的錢也較多。最重要的是，你可以「安排收入」。其他商業模式使用 YouTube 的目的是「用 YouTube 賺錢」，但是銷售獨家內容則變成「利用 YouTube」，把 YouTube 當作提高「知名度」或「建立品牌」的工具來運用。

銷售獨家內容的缺點是，「提高知名度與建立品牌很困難」。可是利用 YouTube 就能大幅改善這個缺點，這就是「YouTube × 銷售自家內容」最大的魅力。

● 銷售獨家內容的優、缺點

優點 ①	可以賺到較多錢	缺點 ①	需要有商品
優點 ②	觀看次數及頻道的訂閱人數比較不重要	缺點 ②	需要讓目標對象認識商品
優點 ③	因為是自己的商品，所以可以掌控（更改商品或銷售型態等）	缺點 ③	需要累積信任及建立品牌

3　現在是可以輕易製作獨家商品的年代

如果你已經有自有商品就不用擔心，但是「沒有自有商品」的人應
該不少吧！

不過請放心，現在已經是可以輕易製作獨家商品的年代。

這是指商品型態及銷售方法變多元，降低了製作獨家商品的門檻，
而不是「製作粗糙商品並隨便銷售！」

過去提到「獨家商品」，很容易有刻板印象，覺得是指自家公司銷售
的有形商品（實體商品）或服務（經營美容院等）。認為商業規模
大，只有少數人才能擁有自有商品。

不過近來個人也能開發商品，而且也有這種需求。假設你具備心理
諮商師的資格，並且擁有豐富的經驗，可以製作出「成功挽回另一
半的方法」等商品。此外，建立有共同煩惱者的社群，也是一種有
價值的商品。

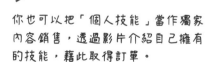

你也可以把「個人技能」當作獨家
內容銷售，透過影片介紹自己擁有
的技能，藉此取得訂單。

這種沒有形體的商品稱作無形商品。現在網路技術發達，製作無形商品或數位內容一點也不困難。

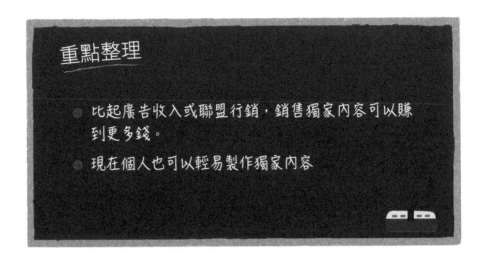

重點整理

- 比起廣告收入或聯盟行銷，銷售獨家內容可以賺到更多錢。
- 現在個人也可以輕易製作獨家內容

02 自有商品及獨家內容的種類

1　使用 YouTube 促銷自有商品的運用範例

假如你已經有商品，可以利用以下幾種方法來運用 YouTube。

① 銷售商品

YouTube 提供「商品專區」功能。

- 通過頻道營利審核
- 居住在可以使用合作夥伴計畫的國家
- 頻道的對象不是兒童
- 經營的頻道符合 YouTube 的規範

當你成為知名的創作者，或頻道的知名度很高，就可以在 YouTube 銷售你的原創商品。有些知名 YouTuber 會販售原創 T 恤或帽 T。

透過與 YouTube 合作的銷售夥伴製作商品，並於 YouTube 上架，就會在頻道的主畫面顯示商品，並可以進行銷售（請見下圖）。

利用銷售夥伴「SUZURI」[1] 製作商品，只要 200 日圓就能製作出一件 T 恤。

手續費等可能有些微差異，但是假設一件 T 恤賣 500 日圓，大約就有 300 日圓的利潤。

② 實體商店集客

假如你有經營實體商店，例如美容院等，YouTube 也可以發揮吸引顧客的功用。

● 商品專區的設定頁面

1　https://suzuri.jp/

別提供商店的宣傳片給觀眾，改利用 YouTube 影片，提供對服務有興趣的觀眾解決問題的方法，或他們想瞭解的資訊，藉此建立品牌並累積信任感，就能吸引顧客到商店消費。

假設你想讓顧客前往美容院，發布注重外表的觀眾會感興趣的影片，例如編髮技巧、自助剪瀏海等，觀眾就會想去你的美容院。

以瘦身為目標的健身房 RIZAP 在官方頻道發布了延展身體、鍛鍊肌肉等實用的內容（請見下圖）。偶爾也會穿插宣傳健身房的影片，這樣可以讓觀眾認識「RIZAP」，而不是覺得這只是個「實用的頻道」。

● RIZAP
（https://www.youtube.com/channel/UCl3KNzEZkai5e9WQryNOjGA）

③ 官網帳戶

如果你已經在銷售商品，無論是企業或個人都可以透過官方帳號進行推廣。

基本上，吸引顧客的方法與實體商店差不多，若能提供以下觀眾想看的影片會更好。

- 可能對自有商品感興趣的使用者
- 需要自有商品的使用者
- 會購買自有商品的使用者

男性保養及造型品牌 GATSBY 官網頻道（請見下圖）發布了修眉技巧及頭髮造型術等影片。影片中使用的當然是 GATSBY 的產品，這樣有助於推廣商品。

● GATSBY（https://www.youtube.com/user/gatsbyyt）

2　運用 YouTube 銷售數位內容的範例

在銷售獨家內容方面，YouTube 非常適合銷售數位內容。

數位內容是指無形的商品，例如資訊或社群。銷售這種商業素材時，使用者對商品與賣家的信任與信心很重要。

前面說明過，YouTube 傳達的資料量比其他社群網路服務還多。因此，YouTube 可以說是極為適合建立信任關係的平台。因為透過影片可以看見對方的長相，也能聽到聲音，瞭解對方的想法後，再評估商品。

提到「數位內容」，可能有些人會感到很陌生，以下將用具體的例子來說明。

① 學習內容

線上教材可說是數位內容的典型代表。例如，線上學校、付費文字教材等。筆者本身也有經營 IT 商學院副業學校 [2]。

其他還有透過「note」[3] 等平台來銷售付費文章的學習內容。如果是純文字，可以透過 Amazon 的 Kindle 販售。即使是個人，也能撰寫、銷售 Kindle 的電子書。

2　https://fukugyou-gakkou.jp/

3　https://note.com/

以筆者為例，筆者的頻道以提供副業相關的資料為主，在影片中加入了少量推廣「副業學校」的部分（請見下圖）。筆者要再次重申，這是基於觀眾與頻道經營者之間的信任關係所產生的交易，平常必須定期發布免費實用的資訊，才能讓觀眾對你的商品感興趣。

② 社群

數位內容也包含了「社群」。例如線上沙龍、YouTube 的官方功能「頻道會員」等。以兒童為對象的頻道除外，只有遵守 YouTube 政策，參加 YouTube 合作夥伴計畫，而且訂閱人數超過 3 萬人的頻道才可以使用頻道會員功能。使用者依照會員等級支付月費，就可以觀看特殊內容。會員能獲得權限，觀看只有成為會員才可以看到的付費內容，還有拿到特殊獎勵。

● 筆者的 YouTube 頻道

下圖是頂尖部落客，也是商業頻道「Ikehaya」的經營者 Ikedahayato
所開設的頻道。這個頻道提供與商業有關的學習內容，「想深入學
習」、「希望與 Ikeda 建立聯繫」的觀眾會成為付費會員。Ikehaya 的
頻道估計有 30 萬訂閱者，每個月光是會費就能獲得可觀的收入。
Ikehaya 的專欄請參考第 193 頁。除了頻道訂閱人數超過 3 萬以上才
能使用的會員功能之外，你還可以製作社群商品。

● Ikehaya 大學（https://www.youtube.com/user/nubonba）

線上沙龍

只要使用 DMM 線上沙龍[4] 或 CAMPFIRE[5] 等服務，每個人都可以輕鬆建立社群。

線上沙龍有許多種類。

- 瑜伽沙龍
- 經理人沙龍
- 釣魚沙龍
- 烹飪沙龍

筆者也有經營以女性為對象的商業沙龍「提升生存力委員會」[6]。

運用 YouTube，發布符合沙龍主題的內容，可以達到吸引顧客的效果。

③ 技能

運用你擁有的技能也能承接實際的工作。

4　https://lounge.dmm.com/

5　https://community.camp-fire.jp/

6　https://lounge.dmm.com/detail/2943/

例如影片編輯、設計、撰稿、諮詢等。在 YouTube 發布與個人技能有關的專業資訊可以建立權威性。

比方說，在網路寫作頻道上發布相關技巧與獲利方式，並在影片內加入宣傳「有興趣找我撰稿的人，可以參考摘要的說明。」藉此獲得接案機會。持續發布實用的影片可以累積粉絲，也有機會接到撰稿的案子。

Lancers、CrowdWorks 等外包服務也會有尋找作家的案子，但是這種服務很難在初期掌握作者的實力，因此業者可能會猶豫是否發案。

YouTube 是建立信任關係的絕佳平台，只要在影片中發布有用的資訊，自然會建立信任關係，增加接案的可能性。

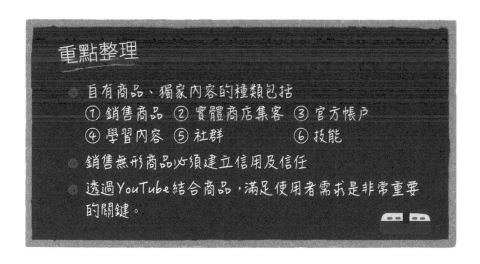

重點整理

◎ 自有商品、獨家內容的種類包括
① 銷售商品 ② 實體商店集客 ③ 官方帳戶
④ 學習內容 ⑤ 社群 ⑥ 技能
◎ 銷售無形商品必須建立信用及信任
◎ 透過YouTube結合商品，滿足使用者需求是非常重要的關鍵。

03 銷售獨家內容的 YouTube 活用法

1 銷售商品的公式

看到這裡，我想你已經對使用 YouTube 銷售獨家內容的實用性有了一定程度的瞭解。現在就算是個人也可以輕易準備有形、無形的商品，銷售方法也十分多元。

銷售商品的流程是按照「認知（集客）」、「建立關係」、「銷售」的順序來執行。這些階段都包含了基於「銷售物品公式」的功用。

在網路上銷售商品的公式是「曝光次數 × 點閱率 × 成交率」，結合這三個元素才能使商品暢銷。

曝光（impression）

簡單來說，曝光是指曝光度。

不論多優秀的產品，如果無法被看見，就跟「沒有」一樣。要正確定位商品，盡量觸及目標對象，讓他們知道商品的存在。

點閱率（CTR）

點閱率（Click Through Rate：CTR）是商品觸及目標對象時，被點閱的比例。CTR 可說是目標對象對看到的資訊有多大興趣的指標。看了商品資料之後，若毫無興趣，觀眾也不會點擊吧！

成交率（CVR）

成交率（Conversion Rate：CVR。又稱作 CV 率或轉換率）是指有多少對商品感興趣的目標對象成為顧客。

CVR 是目標對象在瞭解了有興趣的內容後，是否會購買的指標。看過商品的內容之後，如果不認同就不會購買。

● 各個階段的功用

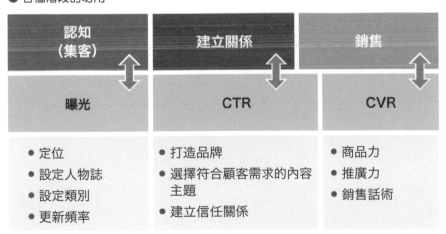

認知 （集客）	建立關係	銷售
曝光	CTR	CVR
● 定位 ● 設定人物誌 ● 設定類別 ● 更新頻率	● 打造品牌 ● 選擇符合顧客需求的內容主題 ● 建立信任關係	● 商品力 ● 推廣力 ● 銷售話術

YouTube 在每個階段的功用

YouTube 是資訊傳達力極為優秀的媒體，在「認知」與「建立關係」方面可以發揮令人驚訝的效果。

接下來要說明 YouTube 在每個階段的功用。

2 　透過 YouTube 正確集客，擴大「認知」

最初的階段是使用 YouTube，讓潛在顧客可以「瞭解」，亦即擴大認知。因此必須做到以下三點。

1. 觀眾的定位（選擇類別）
2. 設定人物誌
3. 維持更新頻率

1. 觀眾的定位（選擇類別）

一開始先選擇要經營何種頻道，也就是「想讓哪種屬性的使用者觀看？」

假設你的商品是英語學習教材，應該選擇英語會話類別的頻道，以「想學好英語會話的觀眾」為目標對象來製作影片。

你必須掌握可能對你的商品感興趣，或總會產生興趣的使用者喜歡哪種影片，並選擇與商品較有關聯的類別來開設頻道。

注意類別的廣度

選擇類別時，請一定要注意類別的廣度。

剛開始經營頻道時，可以從該類別中的小眾主題著手，然後在同一個類別中，逐漸擴大主題，這樣對未來的發展比較有利。「類別是否可以擴大？」與「日後能不能增加曝光」有關。

以筆者為例，筆者的商品是「線上學校」，第二課已經稍微提及擴大類別的過程如下所示。

```
┌─────────────────────────┐
│  1. 一頁式網站            │
│         ↓                │
│  2. 網站聯盟行銷          │
│         ↓                │
│  3. 聯盟行銷              │
│         ↓                │
│  4. 部落格                │
│         ↓                │
│  5. 副業                 │
└─────────────────────────┘
```

最初從小眾主題開始，然後逐漸轉移到一般主題。頻道的訂閱人數因此慢慢增加，同時也提高了曝光度。接下來若要進一步成長，就必須轉換成更具通用性的「商業」、「資金」等主題。選定主題時，建議先設想一下未來的發展性。

2. 設定人物誌

選定類別，大致確定目標觀眾後，再進一步縮小範圍。從「希望大概是這樣的使用者觀看」確定為「希望這種人看到！」的過程稱作設定人物誌。設定人物誌可以想像具體的目標使用者，讓該使用者的煩惱與想瞭解的資訊變明確。

你可能會懷疑「製作只能打動一個人的影片有意義嗎？」請別擔心，一個人的煩惱就是 100 個人的煩惱。相對而言，這不是打動所有人的內容。想要討好所有人，最終恐怕無法讓任何人產生共鳴。

例如，即便是對英語學習教材有興趣的使用者，10 幾歲、20 幾歲、30 幾歲等不同年齡層需要的資訊也不一樣。10 幾歲的人需要的可能是應付學校考試的內容，而 20 幾歲的人可能想知道如何考好 TOEIC，30 幾歲的人應該會想瞭解商用英文。

對內容的需求也會隨著學生、家庭主婦、上班族等人的屬性而異。例如家庭主婦可能是「想教小孩英文」，而不是自己想學英文。

倘若你的商品是以日常英語會話為主的英語學習教材，應該按照以下方式來調整人物誌。

> **需要日常英語會話的人物形象**
> - 準備出國留學的人
> - 喜歡國外旅行的人
> - 喜歡外國節目的人
> - 準備移居國外的人
> - 夢想移居國外的人

有了這樣的人物形象，就可以推測目標對象的年齡層較輕。接著掌握細節，並建立詳細的人物形象，如下圖所示。

這次只先設定大致的人物輪廓，實際上設定人物誌時，最好更詳細一點。

如果要以這位「田中太郎」為對象來經營頻道，哪種內容可以打動他呢？

● 具體的人物形象

姓名	田中 太郎
年齡	18 歲
生活環境	大學生，一個人住
網路環境	使用 iPhone 家裡有 Windows 電腦
收入	父母給的生活費及打工費共 10 萬日圓
煩惱想	想交女朋友
夢想	在國外生活
興趣	觀看外國節目

- 國外的生活資訊
- 留學方法
- 介紹學習英文的手機 App
- 利用國外節目中的句子來學習英語
- 國外女性的特色

像這樣，設定具體的人物誌，就可以推測出人物誌喜愛的影片主題。

3. 維持更新頻率

多數觀眾都已經「習慣」看 YouTube。「提到星期一晚上 7 點，就會想到這個節目。」和電視節目一樣，有許多人會觀看自己喜歡的頻道。

如果要擴大認知，必須讓觀眾習慣觀看你的頻道。基於這一點，你得有計畫性地發布影片，而不是想到才發布。

決定人物誌之後，請篩選出符合該人物誌的影片主題。

- 對何事有興趣？
- 可能對什麼感興趣？
- 現在煩惱什麼事？
- 想知道要怎麼做？

篩選出接下來要製作的影片再安排時程。「星期幾發布影片？」或「每週發布幾次影片？」決定之後，固定發布影片的頻率。

透過 YouTube 銷售獨家內容時，會直接影響業績的是提高知名度與建立信任關係，而不是觀看次數或頻道訂閱人數。經營 YouTube 的目的是「提高知名度，增加粉絲」不是「獲得廣告收入」。

人物誌愈具體，效果愈好。如果你試圖獲得每個人的認同，將無法打動潛在顧客，反而會變得搖擺不定。

3　建立信任關係並打造品牌

購買商品時，向認識的人購買會比跟陌生人買放心。向熟識的保險
業務員買保險會比陌生保險業務員的建議來得好！

就算是一模一樣的商品，若分別由陌生人與朋友銷售，向朋友購買
的機率比較高。這就是所謂的購買心理，背後的基礎是「信任、信
用」。「這個人推薦的都是好商品」如果你認識對方，這樣的心理就
會發揮作用。

YouTube 的影片發布者與觀眾當然互不認識。可是影片是傳遞大量
資訊的工具，它可以讓對方實際感受到這個人的個性與特質，觀眾
會將影片發布者當成「自己認識的朋友」而產生信任感。

在這個階段清楚表現「你是什麼樣的人？」、「是否值得信任？」。

重複曝光效應

可以有效建立信任關係的方法是「重複曝光效應」。

重複曝光效應是美國心理學家 Robert Zajonc 提倡的心理效果，又稱
「單純曝光效應」。

常看到的臉孔或常接觸對方時，就會產生好感。即使一開始覺得「這個人在做什麼」，也可以透過定期觀看影片而產生喜愛。經常聽到或看到，會開始理解對方，而消除戒心或不信任感。

定期觀看影片，會從「YouTube 裡的陌生人」轉變成彷彿認識的朋友。

要有效運用這一點，就得固定更新頻率。

互惠原則

受了別人的恩惠會「想回報對方」，這就稱作互惠原則。

如果想透過 YouTube 建立與觀眾之間的信任關係，絕對要記住「影片是提供給觀眾的」。

沒有人會想跟不提供好處的人購買商品。假如你希望對方買你的商品，就得先主動出擊。

你要提供的是「高品質的內容」。

「應該付費提供」的高品質影片若免費公開，就非常有價值。

筆者剛開始使用 YouTube 時，大家對筆者所選類別的共識是「不會免費提供主要 Know How」。因此這個類別的影片都只提供一般的概念或概略的 Know How。

但是筆者卻把原本要當作付費商品而推出的內容以影片形式發布，提供差異化的內容給觀眾。

你可能會擔心「免費提供付費內容的話，商品就賣不出去了。」結果正好相反。當時頻道訂閱人數為 1,000 ～ 2000 人，開始銷售商品之後，瞬間多了 50 ～ 60 個人申請。筆者的商品是線上學校，絕對不是單價便宜的內容，沒想到竟然還有這麼多人申請。

筆者不在 YouTube 或電子雜誌上進行任何積極的推銷。

平常就只「發布有用的內容」，這就是互惠原則！

雙向溝通

想透過 YouTuber 建立信任關係，重視雙向溝通會比單方面提供資訊來得有效。

「回覆影片內的留言」或「直播」等方法都很不錯。你也可以把觀眾提問或留言中的問題當作下次影片的主題。YouTube 還提供了問卷調查功能，你可以藉此傾聽觀眾的聲音。

不論哪種商業模式，都得注意到「觀眾想瞭解什麼資訊」而不是「你想發布什麼內容」。

這樣不僅能掌握觀眾的願望，也有助於拉近與觀眾的距離。以觀眾的角度來看，影片發布者回覆自己的留言，或在影片中回答自己提問，他們會覺得很高興，進而覺得親近，產生好感。建立雙向溝通能獲得更忠誠的粉絲，與觀眾一起經營頻道，而不是一個人獨自經營頻道，可以建立更深一層的信任關係。

建立信任關係需要時間。建立關係是一種持續性的行為，平時以「提供觀眾某些內容」的態度來經營頻道，就能打造個人品牌或商品品牌。

為了提高服務品質，筆者對自己經營的副業學校進行了問卷調查。除了服務的優缺點，也藉此瞭解「為何你想使用副業學校」的動機。

透過雙向溝通可以從觀眾身上獲得下次製作影片的靈感。

絕大多數（9 成）的回答如下所示。

- 「因為是 KYOKO 成立的學校，所以覺得放心。」
- 「可以確定不是品質低劣的學校。」
- 「應該會提供詳細的指導。」

這就是品牌力。

筆者頻道內的影片是先製作腳本，再攝影、編輯，每個步驟都一絲不苟。內容也鉅細靡遺，仔細整理資料再說明。編輯影片時，運用了大量插圖，方便新手容易瞭解。

使用者會以這些免費影片為基礎來想像商品的品質。

- 筆者這個人
- 筆者銷售的商品

這些形象是由平常的言論及行為產生的期待值。筆者在銷售自有商品時，必須製作出符合顧客對品牌形象期望的商品。

4　讓觀眾主動表示「請賣給我！」

當信任的人提供需要者所需的東西時，他們不會在意價格，反而會說「請賣給我！」。

設定合適的目標，提高知名度，建立信任關係，完成打造品牌的工作後，就不需要刻意銷售。

筆者也會定期收到「我想諮詢」的要求（因筆者目前沒有提供諮詢服務而拒絕）。

顧客會對未販售的商品提出「請賣給我！」的需求，都是因為品牌力。

筆者不會利用 YouTube 進行大規模銷售，或說服觀眾購買商品，因為**想賣商品就不要推銷**是銷售鐵則。「當顧客真正需要或真正想要時，讓對方主動想到。」只要做到這點即可。第 169、170 頁介紹的 RIZAP 及 GATSBY 頻道只在影片內容加上商品資訊。筆者同樣只在每部影片的開頭、中間過場、或最後的宣傳框提及副業學校。與大量推銷或宣傳商品相比，建立良好的信任關係更重要。

商品不可辜負信任關係

唯有一點必須特別留意,那就是「你的商品不能辜負購買前培養的信任關係」。

就算用影片說盡好話,取得信任,倘若商品的品質不佳,等於辜負了顧客。

不抱期待的商品卻有著意料之外的好品質,會讓人產生極好的印象。可是基於信任關係,充滿期待所購買的商品若品質粗糙,失望程度也會和期望一樣強烈。

當然「商品」的價值對每個人來說都不一樣,因為世上並沒有能滿足所有顧客的完美商品。筆者認為商業買賣取決於「誠實」。

付費商品至少要提供超出免費內容的價值。

在顧客購買商品前,公開詳實的資料並提供免費試看更有助於銷售。

請記住,YouTube 是適合建立信任關係的工具,觀眾也容易產生較高的期待。別忘了「提供物超所值的優秀商品」才是銷售的本質。

重要的是公開一切資訊，讓對方認同
並購買，而不是提供商品之後，讓人
認為「這不是我想要的」。

重點整理

◎ YouTube 有助於「提高知名度」及「建立關係」

◎ 想建立信任關係，就得不惜「免費提供實用資訊」

◎ 徹底貫徹「想賣東西就不要推銷」的鐵則

◎ 別讓你的商品辜負得來不易的信任關係

一定要準備「自有商品」的原因
Ikedahayato

大家好，我是 YouTube 頻道「Ikehaya 大學」的學長 Ikedahayato。

在這個專欄我想跟大家分享我個人的經驗，如何把 YouTube 運用在工作上。

以下要進入正題。如果你想用 YouTube 賺錢，一定要準備「自有商品」。以「Ikehaya 大學」為例，我準備了以下這些商品：

- YouTube 頻道會員（月費 2,990 日圓）
- 電子書（500 ～ 1,200 日圓）
- 線上沙龍（5,000 ～ 9,800 日圓）
- 健康食品（5,000 ～ 1 萬 5,000 日圓）

這些自有商品最多每月能賺到 1,000 萬日圓以上。

YouTube 提供的廣告收益約 100 萬日圓，而自有商品的營業額遠超過這個數字。

YouTube 的廣告收益可能會被無端減少，甚至剝奪營利功能……這些問題相當普遍。

我認識的一位 YouTuber 因為「人工智慧誤判」，導致停止廣告收益兩個月以上。我自己的子頻道也在不久前，有一個月的廣告收益被減少了九成，似乎是因為 YouTube 偵測到無效的影片點擊，可是我毫無頭緒……。

想持續經營 YouTube 頻道，只靠廣告收益非常危險。有了自有商品，即使沒有廣告收益，營業額也不會歸零。為了持續經營 YouTube 頻道，Ikehaya 大學也開發、改善了自有商品。

銷售自有商品的難處

要擴大業務並使其穩定，除了廣告收益之外，也需要開發自有商品……，這點大家都知道。但是實際嘗試之後，卻一點也不簡單。

自行製作商品並銷售給顧客時，可能會遇到意料之外的問題、客訴、惡意批評等。

沒有買過商品的對手故意製造謠言「我買了他的商品，有問題卻不退錢！根本是騙子！」這種事是家常便飯（我也遇過好幾次）。

有時純粹是手誤或做事不夠嚴謹而造成顧客的困擾。雖然沒有出過什麼大問題，卻也常常發生讓人捏一把冷汗的情況。

從影片獲得廣告收益無論好壞都很「容易」。

廣告不是直接向顧客收錢，所以不會有重大責任產生，但是生殺大權卻掌握在 Google（YouTube）手上。當 Google（YouTube）改變演算法之後，收益頓時減少一半的情況也時常發生。

因此建議你可以挑戰製作自有商品，但是請先做好過程很辛苦，也可能會失敗的心理準備！

避免失敗的商品設計

即使可能會失敗，也要避免無謂的失敗。

最初我建議的商品是「**完銷型的低價數位商品**」。

具體而言就是「**電子書**」或「**付費影片**」。「以 980 日圓銷售只有購買者才能觀看的影片」，你應該可以立即完成這種商品吧？

線上沙龍（付費社群）也可以當作其中一個選項，但是沙龍無法「完銷」，日後也需要花費成本經營。建議你把能「賣斷」的東西當作第一個商品。

另外，還可以使用 Amazon 提供的電子書平台「Kindle Direct Publishing（通稱為 KDP）」製作電子書。低價的電子書比較不會發生嚴重的失敗或造成問題。

銷售單品累積經驗值之後，再挑戰延續型商品或服務。

YouTube 提供了「**頻道會員**」機制。這是利用「訂閱（subscription）」方式，讓使用者每月持續支付使用費。

Ikehaya 大學也運用了頻道會員功能，有 1,000 名以上的會員持續付費。老實說，必須不斷提供內容的確有壓力，但是這樣也提高了事業的穩定性，是非常不錯的收益來源。

可惜的是，頻道會員制度並非每個頻道都可以使用。在撰寫這篇專欄的當下，官網公告的說明是「訂閱人數 3 萬人以上」才可以使用這項功能。但是實際上使用門檻已經降低，我確認過 1,000 人左右的頻道也可以使用頻道會員功能。或許你的頻道也已經能運用該功能，請務必確認看看。

只不過頻道會員的手續費很高，YouTube 會收取營業額的「30%」當作抽成。頻道會員是非常好的功能，但是就商業的角度而言，手續費確實太高了。Ikehaya 大學也在評估未來是否要轉換成自家的支付系統。

Ikehaya 大學最近與 OEM 業者合作，推出「NMN 健康食品」試賣，開始銷售實體商品。

沒想到反應不錯，在零廣告費的情況下，商品陸續賣出。據說一般健康食品「價格的三成是廣告費」，運用 YouTube 就能省下廣告費，降低商品售價。

極端來說，只要培養一個 YouTube 頻道，不用花廣告費，即可銷售任何商品。未來我將持續開發商品，摸索「用 YouTube 銷售實體商品」的可能性。

YouTube 是「集客」與「教育顧客」的工具

YouTube 充其量只是一種行銷工具。雖然可以獲得廣告收益，卻只是輔助性質，想當作個人事業沒有想像中容易，而且前面說明過，廣告收益有著收入不穩定的問題。

YouTube 是集客力很強的工具。

製作出符合演算法的影片，可以免費將資訊傳送給數十萬的潛在顧客。

Ikehaya 大學平均每月的曝光量（顯示次數）為 2,000 萬次左右，亦即 YouTube 免費顯示我的資訊 2,000 萬次，很驚人吧！

此外，YouTube 也能用來「教育顧客」。

Ikehaya 大學免費提供電子商務及資產運用的講座。

為什麼免費提供？因為我想提升大家的程度。這不是場面話，而是這樣做可以讓我的公司賺錢。

我銷售的付費商品都是程度較高的內容，「我沒有電腦」、「我沒有自己的部落格」這樣的人最好別買。因為不是初階內容，這種人買了會感到挫折。

打個比方，對我而言，YouTube 頻道是實施「義務教育」的地方。請你先完成免費的義務教育，若想學習更高深的知識，再購買我的付費教材！這就是我真正的用意。

我經營的線上沙龍有人表示「我在免費的 Ikehaya 大學學習電子商務，每月賺到 30 萬之後，才加入你的沙龍。」程度好的人加入沙龍，可以提高沙龍的水準，所以我覺得很感謝。

這是我的商務經驗，不過你的商品也一定可以發揮「教育顧客」的作用。

請先免費提供「義務教育」。當你銷售付費商品時，最好篩選程度較好的顧客，以免發生爭議。YouTube 非常適合用來設計這種行銷流程。

我的專欄到此結束。請務必試著將 YouTube 頻道運用在你的工作上！因為如此優秀的工具非常罕見。

作者簡介

Ikedahayato

生於 1986 年，經營 YouTube 頻道「Ikehaya 大學」，訂閱人數超過 25 萬人。2015 年移居高知縣的極限村落。在深山裡默默以電子商務維生。

以宣傳其他商品的
方式來獲利的聯盟
行銷也可以運用
YouTube。

01 YouTube 聯盟行銷的機制與概述

1 何謂聯盟行銷？

聯盟行銷是指用自有媒體（部落格、社群網路、YouTube 等）介紹、宣傳、協助銷售廣告商的商品。介紹商品的人稱作聯盟行銷人員，這個機制是聯盟行銷人員在自己的部落格、社群網路等介紹商品，倘若使用者看過之後，購買了商品，就可以獲得佣金。

聯盟行銷的商品會在仲介廣告商的 ASP（Affiliate Service Provider）上架（請見下一頁的表格）。聯盟行銷人員從上架的商品中選擇要介紹的商品，取得商品的廣告連結，貼至個人經營的媒體，並介紹該商品。

大型企業也會投放聯盟行銷廣告，藉此推廣商品。

> 投放聯盟行銷廣告的大型企業
>
> - DMM
> - RIZAP
> - Oisix
> - 生活協同組合
> - 和民（股）公司
> - 一修（股）公司
> - JTB（股）公司

2 聯盟行銷的機制

一般而言，聯盟行銷是由以下四個元素構成。

● 已上市的主要 ASP（以下以原文公司舉例）

公司名稱	上市地點	股票代號
FAN Communications（股）公司 （FAN Communications, Inc.）	東證一部	2461
Interspace（股）公司（Interspace Co., Ltd）	Mothers	2122
ValueCommerce（股）公司 （ValueCommerce Co., Ltd.）	東證一部	2491
Rentracks（股）公司（Rentracks Co., Ltd.）	Mothers	6045
Adways（股）公司（Adways Inc.）	Mothers	2489
Full Speed（股）公司（Full Speed Inc.）	東證二部	2159
Scroll（股）公司（Scroll Corporation）	東證一部	8005

> **聯盟行銷的元素結構**
> - 聯盟行銷人員
> - ASP
> - 廣告商
> - 使用者

若少了其中一個元素，聯盟行銷就無法成立。國外的聯盟行銷有時會略過 ASP，但是一般而言，ASP 在聯盟行銷有著強大的影響力。

想瞭解聯盟行銷的機制，得先知道這四個元素的功能。這四個元素的功能大致區分如下。

● 組成聯盟行銷的四個元素

聯盟行銷人員

在網路上代替企業執行宣傳商品的工作。這是個人也可以從事的廣告代理業服務

ASP（Affiliate Service Provider）

在聯盟行銷人員與廣告商之間扮演仲介的角色

廣告商

想提升商品銷售的企業或製造商

使用者

造訪網站的人

每個元素的功用

- 聯盟行銷人員：經由 ASP 在自己的網站上，向使用者介紹廣告商的廣告。
- ASP：向廣告商招攬廣告，並把廣告介紹給聯盟行銷人員。
- 廣告商：把想推銷的商品廣告交給 ASP，讓聯盟行銷人員在自己的網站上介紹商品。
- 使用者：經由聯盟行銷人員的網站前往官方網站，與廣告商簽約或購買商品。

3　可以進行聯盟行銷的廣告種類

聯盟行銷的廣告種類依照成果報酬機制大致分成以下幾類。

1. 點擊型廣告
2. 成果報酬型廣告

YouTube 的廣告收入屬於點擊型廣告。以下要解說**成果報酬型**的 YouTube 聯盟行銷。

成果報酬型是使用者透過廣告連結購買了某些商品，或採取了讓服務合約成立的行為而產生報酬的聯盟行銷。

成果報酬型廣告的優點

成果報酬型廣告有幾種。一般而言，成果報酬型廣告的報酬單價通常比點擊型廣告高。由於報酬單價高，所以能獲得較高的收入。

成果報酬型廣告的缺點

成果報酬型廣告的缺點是，必須有適合廣告的內容（影片內容）。為了介紹聯盟行銷的案件，得製作符合商品的影片。

4　成果報酬型廣告的詳細內容

YouTube 使用的成果報酬型廣告有以下幾種。

● 聯盟行銷的流程

STEP.1 廣告商委託 ASP 推廣商品

廣告商

可以幫忙我們
推廣商品？

ASP

請交給我們處理！

STEP.2 ASP 徵求介紹商品的聯盟行銷人員

ASP

各位聯盟行銷人員，
請推薦這個商品！

STEP.3 聯盟行銷人員透過 ASP，在 YouTube 向使用者介紹商品廣告

聯盟行銷人員

這個商品似乎很棒！
在我的 YouTube 介紹看看吧！

STEP.4 使用者看了 YouTube 之後，點擊廣告連結（聯盟行銷用的 URL），
向廣告商購買商品或服務

使用者

我頭一次看到這種商品呢！
來試用看看好了♪

STEP.5 使用者購買商品後，聯盟行銷人員就能獲得報酬

聯盟行銷人員

之前介紹的商品產生了報酬！
使用者應該很喜歡！

- ASP 廣告
- Rakuten 樂分紅
- Amazon Associates

以下將分別說明。

① ASP 廣告

ASP 廣告是指在影片摘要顯示 YouTube 之外的 ASP 提供的聯盟行銷連結。以前不被官方允許，但是最近已經可以使用 ASP 廣告。

案件的型態也非常多元。

服務類或到店類

有些案子是每增加一位免費註冊的會員，會給予 1,000 日圓的報酬。而到診所看病等到店案件的報酬通常會超過一萬。

銷售商品類

健康食品、肌膚保養品、除毛工具、食品等銷售實體商品的商品廣告也不少。

比較容易介紹的肌膚保養品有許多都是一件 3000 日圓，屬於能賺到錢的廣告類型。

ASP 的詳細說明請參考第 210 頁。

② Rakuten 樂分紅

Rakuten 樂分紅是介紹在知名購物網站「樂天市場」[1]上架商品的聯盟行銷。只要是在樂天市場上架的商品，不用審查，全都可以當作廣告。

和 ASP 廣告一樣，在摘要提供聯盟行銷連結，才能套用在 YouTube。

● Rakuten 樂分紅的報酬率（https://affiliate.rakuten.com.tw/）

多數是一般商品，不需要製作精緻的影片。還有一個優點是，在影片內介紹的商品或愛用品可以利用摘要進行聯盟行銷。但是與 ASP 廣告相比，報酬單價較低（請見上一頁的圖示）。

1　https://www.rakuten.com.tw/

③ Amazon Associates

Amazon Associates 是針對 Amazon[2] 銷售的所有商品進行聯盟行銷的廣告系統。使用 Amazon Associates 時，頻道必須先通過審核。

基本的機制與 Rakuten 樂分紅相同。只要在影片的摘要貼上推薦 Amazon 商品的聯盟行銷連結即可。推薦費率依類別而定，最高可達到購買價格的 10%（請見下圖）。

Amazon 網站上有許多與生活息息相關的商品，屬於新手比較容易介紹的廣告類型。

● Amazon Associates 的推薦費率
（https://affiliate-program.amazon.com/）

Product Category	Fixed Commission Income Rates
Amazon Games	20.00%
Luxury Beauty, Luxury Stores Beauty, Amazon Explore	10.00%
Digital Music, Physical Music, Handmade, Digital Videos	5.00%
Physical Books, Kitchen, Automotive	4.50%
Amazon Fire Tablet Devices, Amazon Kindle Devices, Amazon Fashion Women's, Men's & Kids Private Label, Luxury Stores Fashion, Apparel, Amazon Cloud Cam Devices, Fire TV Edition Smart TVs, Amazon Fire TV Devices, Amazon Echo Devices, Ring Devices, Watches, Jewelry, Luggage, Shoes, and Handbags & Accessories	4.00%
Toys, Furniture, Home, Home Improvement, Lawn & Garden, Pets Products, Headphones, Beauty, Musical Instruments, Business & Industrial Supplies, Outdoors, Tools, Sports, Baby Products, Amazon Coins	3.00%
PC, PC Components, DVD & Blu-Ray	2.50%
Televisions, Digital Video Games	2.00%
Amazon Fresh, Physical Video Games & Video Game Consoles, Grocery, Health & Personal Care	1.00%
Gift Cards; Wireless Service Plans; Alcoholic Beverages; Digital Kindle Products purchased as a subscription; Food prepared and delivered from a restaurant; Amazon Appstore, Prime Now, or Amazon Pay Places	0.00%
All Other Categories	4.00%

---

2   https://www.amazon.com/

ASP 廣告、Rakuten 樂分紅、Amazon
Associates 的難易度以及收益都不一樣。

重點整理

● 聯盟行銷是在自有媒體介紹廣告商的商品，藉此
   獲得報酬的工作。

● YouTube 可以使用的成果報酬型廣告主要包括ASP
   廣告、Rakuten 樂分紅、Amazon Associates。

02 如何開始 YouTube 聯盟行銷

1 | YouTube 聯盟行銷的準備工作

在 YouTube 進行聯盟行銷之前,必須先完成以下兩件事。

1. 在 ASP 註冊
2. 提出 YouTube 頻道的註冊申請

本書將說明 Rakuten 樂分紅與 Amazon Associates 的概要,並詳細介紹 ASP 廣告。

Rakuten 樂分紅

要參與 Rakuten 樂分紅需要先註冊樂天帳戶，沒有樂天帳戶就無法使用。假如你已經有樂天帳戶，請先登入 Rakuten 樂分紅[3]。

登入之後，選擇商品，取得廣告連結。

Amazon Associates

如果要對 Amazon 的商品進行聯盟行銷，必須先登入 Amazon Associates[4]。假如你已經有 Amazon 的帳戶，請申請加入。假如沒有帳戶，請先註冊 Amazon 帳戶再申請。

申請加入 Amazon Associates 時，必須審核預計張貼聯盟行銷廣告的媒體。如果是 YouTube，要寫上頻道的網址再申請加入。此時，頻道內最好已經上傳了幾部到十幾部的影片，因為新建立、完全沒有影片的頻道無法進行審核。

通過審核之後，Amazon 會寄發「通過審核的電子郵件」，這樣申請加入時設定的頻道就可以介紹 Amazon 的商品。

3　https://affiliate.rakuten.com.tw/

4　https://affiliate-program.amazon.com/

Amazon Associates 的使用規範比較嚴格。

- 只有申請加入時設定的媒體才可以介紹商品（變更或追加都要重新申請）
- 清楚寫出是 Amazon Associates 的參加者（例如 YouTube 就要在摘要寫上聲明）

請遵守這些原則。

ASP 廣告

以下將說明在 YouTube 使用 ASP 廣告的步驟。

首先請在 ASP 註冊會員。市面上有許多 ASP，每家 ASP 可以介紹的商品都不太一樣，最好先註冊幾家 ASP。

- A8.net（日本）：https://pub.a8.net/
- afb（日本）：https://www.afi-b.com/
- accesstrade（日本）：https://member.accesstrade.net/
- Affiliates.One 聯盟網（台灣）：http://www.affiliates.com.tw/

在 YouTube 聯盟行銷使用 ASP 的會員註冊方法基本上都一樣。在各家 ASP 的網站註冊，完成「新會員註冊」，並輸入必要事項。

● 登入之後，在「個人帳戶」輸入頻道網址（以 A8.net 為例）

● 設定要登錄的網站

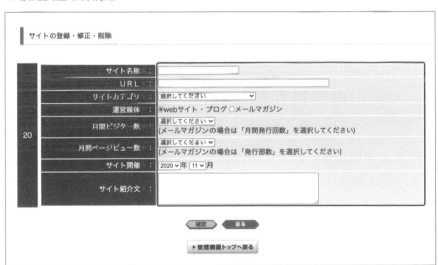

註冊會員時，一定會有「網站網址」或「部落格網址」的欄位。請在這裡輸入 YouTube 頻道的網址。已經利用部落格進行聯盟行銷時，請另外新增媒體。「經營媒體」請勾選「網站、部落格」。

這裡以 A8.net 為例來介紹。

登入之後，在「登錄資料」加上頻道網址。於上一頁上圖畫面右上方的「登錄資料」中，選擇「新增、修改網站資料」，再進入「新增子網站」，這樣就會顯示新增網站的畫面（請見上一頁下圖）。請在每個項目輸入 YouTube 頻道的資料。

ASP 廣告和 Amazon Associates 一樣，發布影片時，必須在該部影片註明「廣告影片」。A8.net 需要在標題、摘要、或主題標籤（Hashtag）註明「PR 影片」、「廣告影片」、「#PR」等。

2 如何選擇要介紹的商品

完成事前準備之後，接下來要選擇你想介紹的商品。請把下三項指標當作挑選基準。

> 1. 你用過的商品或服務
> 2. 利用影片傳達商品或服務的魅力
> 3. 適合個人頻道的商品或服務

雖然所選商品不一定要滿足每項指標，卻也得符合其中幾項。

透過影片介紹商品或服務時，必須呈現出實際的使用情況，因此「**你用過的商品或服務**」可說是必要條件。也有完全不使用商品，只以字幕及照片製作成影片的方法，可是這樣的話，用文字介紹即可。

ASP 內有個稱作「 Self Back 」的自我聯盟行銷系統，可以免費取得部分商品，假如你手邊沒有該項商品，可以透過 Self Back 購買。這裡省略 Self Back 的詳細說明，你可以透過下一頁下方的影片來瞭解。

「**利用影片傳達商品或服務的魅力**」，透過 YouTube 介紹商品的優點是比較真實。影片可以直接呈現文字與照片無法傳遞的微妙動作變化。運用這個特性來挑選商品會更適合。

例如，圖畫、裝飾品等靜態商品不需要「用法」等資訊，利用照片與文字介紹就夠了，這樣就失去用影片介紹的優勢。

使用者希望透過影片看到的是「購買前實際使用的經驗」。

- 實際的尺寸、重量？
- 使用的感覺及效果？
- 詳細的功能？
- 缺點或優點？

使用者雖然沒有親自試用，卻能透過影片模擬體驗，這點非常重要。此類商品相對較多。

- 食品 → 展示實際的外觀與品嚐起來的味道，還有示範擺盤及保存方法
- 家電 → 實際使用的效果（例如掃地機的吸力與機動性等）
- 化妝品 → 質地、實際的肌膚狀態等
- 實體商店 → 交通資訊及商店內的服務、裝潢等（必須取得拍攝許可）

● 【作法】自行進行聯盟行銷，每月絕對可以賺到 10 萬
（https://www.youtube.com/watch?v=lieaGUym7Lw）

其他還有許多商品。消費者希望盡量避免「購買商品時踩雷！」因此透過影片介紹，可以刺激他們購買。

本書在開頭時也曾介紹過，購買商品前，利用影片確認詳細內容再下手的人約占整體的 40%，其中看過 YouTube 影片後購買商品的比例是 59.9%。

可以明顯看得出影片對購買決策發揮了作用。

接著要說明第三項「適合個人頻道的商品或服務」。

筆者曾說明過，頻道的專業性很重要，主題雜亂的頻道很難成長。

維持頻道的專業性同時進行聯盟行銷的範例

- 專門體驗化妝品的頻道（或在美容頻道中，加入聯盟行銷用的影片）
- 在 Vlog 頻道介紹與生活密切相關的商品或服務
- 介紹商業頻道會用到的工具、書籍

隨便選擇商品進行聯盟行銷的頻道會失去權威性與專業性，也欠缺資訊的可靠性。站在觀眾的角度，他們也不想訂閱這種頻道。

基本上，社群網路討厭廣告。YouTube 也一樣，所以個人不建議經營以聯盟行銷為主的頻道。

如果你的目的不是追求頻道成長，而是把重點擺在從搜尋結果導入流量就另當別論。以搜尋結果為導向的 YouTube 聯盟行銷將在第 222 頁說明。

3　在影片內介紹商品

選定商品之後，要在影片內介紹商品。

有些人只把將聯盟行銷的廣告連結放在摘要，不在影片內介紹商品，但是這樣無法傳達商品的魅力，也沒辦法提出任何訴求。

如果要進行聯盟行銷，必須在影片內介紹商品或服務。作法有兩種。

> 1. 將整部影片製作成聯盟行銷影片
> 2. 在影片內自然提及與主題有關的商品

如果你想在 YouTube 的搜尋結果中，顯示該影片，藉此吸引觀眾，建議選擇「將整部影片製作成聯盟行銷影片」。

這種影片的廣告色彩強烈，但是用充滿臨場感的影片介紹使用者想瞭解的商品或服務，轉換率會比用部落格等文字媒體介紹來得高。

基本上，這種作法會在影片中顯示商品或服務。如果介紹的是商品，會展示實物並試用，讓觀眾觀看過程。若是服務類的案件，可以前往現場，體驗該項服務。倘若是線上服務，則可以實際試用。

「在影片內自然提及與主題有關的商品」雖然影片主題與聯盟行銷沒有直接相關，卻可以不著痕跡地當作附屬內容來介紹商品。

假設在筆者的頻道上，製作了以「五本做生意必讀、令人印象深刻的工具書」為主題的影片。在影片內介紹符合主題的實用書籍，同時貼上聯盟行銷連結，說明「本書的詳細內容請參考摘要內的連結」，觀眾就可以省掉搜尋商品的時間，反而會覺得你很「貼心」。

這種作法的重點會放在影片主題或表演者身上而不是商品，所以廣告色彩較淡。

介紹商品時的注意事項（表現方式）

介紹商品時，必須注意表現方式。

介紹化妝品、保養品、健康食品等商品時，需要遵守藥事法。例如不可以使用以下描述。

> 美白、恢復年輕細胞、變瘦、減肥、完全治癒、改善體質、停止老化、強化細胞、除皺、預防白髮、增強抵抗力、生髮等等

也不能以 Before 與 After 呈現皺紋或斑點完全消失。絕對不可以強調療效，這點必須特別注意。

除了化妝品、保養品、健康食品之外，也得注意避免誇大的表現手法。

超過實際商品的呈現方式有廣告不實的疑慮，可能違反公平交易法，必須「忠實呈現事實」。請記住，極力想推銷而以「說謊」方式來介紹商品可能觸法。

4　取得聯盟行銷連結與設定方法

以下將介紹實際在影片的摘要設定聯盟行銷連結的方法。這裡以 A8.net 為例來說明（請見下一頁圖示）。

● 接案合作（A8.net）

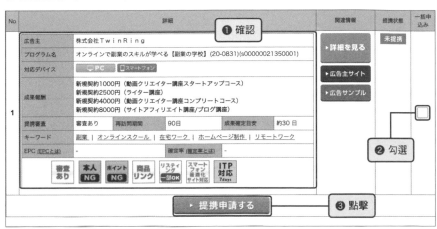

● 把取得的廣告連結貼至影片的摘要內
（資料來源 https://support.a8.net/as/youtube/）

① 接案合作

找到想合作的案子，確認「明細」，勾選「統一申請」，按下「申請合作」（請見上一頁上圖）。

如果是「需審核」的案件，之後會用電子郵件通知審核結果。若是即時合作的案子，申請之後，可以馬上取得廣告連結。

② 取得廣告連結

完成合作之後，可以在該案件的「建立廣告連結」取得連結。

③「廣告類型」切換成「電子郵件」

廣告連結有各種類型。選擇「電子郵件」之後，會顯示電子郵件用的廣告連結。

④ 取得（拷貝）電子郵件內的網址

「https://px.a8.net/svt/ejp?a8mat=⋯⋯」就是廣告連結。選取之後，拷貝起來。

⑤ 把取得的廣告連接貼至影片的摘要

把 ④ 取得的廣告連結網址貼至影片的摘要內。利用主題標籤（hashtag）標示「PR 影片」、「廣告影片」、「#PR」等，讓觀眾知道這是廣告影片[5]。

5　資料來源 https://support.a8.net/as/youtube/

番外篇

前面也曾說明過，基本上 YouTube 等社群網路會擋掉廣告。

因此，還有另外一種方法是在影片內不著痕跡地推薦商品或服務，不在影片內直接進行聯盟行銷，而是將觀眾引導至部落格等其他媒體。

這種作法的前提是，你必須有自己的網站或部落格。不過將觀眾引導至外部的方法比較柔性，也能把顧客吸引到部落格或其他文章。因為就算只看一部影片也很花時間，而文字內容卻比較可能反覆瀏覽。

這本書省略了網站及部落格的聯盟行銷說明，詳細內容請參考筆者的官方部落格或 YouTube。

- KYOKOBLOG（官方部落格）
  https://only-aflllfe.com/
- KYOKO Business Channel（YouTube）
  https://www.youtube.com/channel/
  UCF7lKesFOYQb34uzNiuNDqQ

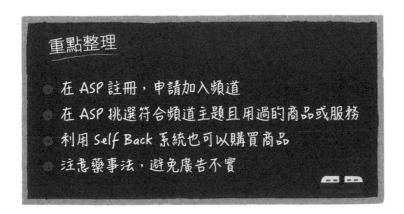

重點整理

◎ 在 ASP 註冊，申請加入頻道
◎ 在 ASP 挑選符合頻道主題且用過的商品或服務
◎ 利用 Self Back 系統也可以購買商品
◎ 注意藥事法，避免廣告不實

03 YouTube 聯盟行銷技巧

1 用搜尋關鍵字思考策略

想根據搜尋結果（Google 搜尋、YouTube 搜尋）製作聯盟行銷用的 YouTube 影片，達到吸引顧客的目的，就得按照搜尋關鍵字思考頻道的主題（請見下一頁的圖示）。最近有愈來愈多人在購買商品之前，會先用 YouTube 確認商品的資訊再做決定。以下將推測此種使用者如何搜尋 YouTube。

- 「商品名稱＋效果」
- 「商品名稱＋用法」
- 「商品名稱＋作法」
- 「商品名稱＋經過」

● 用商品名稱（服務名稱）搜尋 YouTube 的結果

● 用商品特性搜尋 YouTube 的結果

第二個篩選的關鍵字會隨著商品的特性而異。我們可以根據搜尋關鍵字來思考影片的主題，在影片標題加上設想到的關鍵字，比較容易被搜尋到。

上一頁的上圖是在 YouTube 搜尋關鍵字「MUSEE」（除毛沙龍的名稱）的結果。畫面中出現了在標題使用「MUSEE」、「除毛」、「效果」等相關關鍵字的影片。在 YouTube 以除毛沙龍名稱「MUSEE」搜尋影片的人比較可能會觀看顯示在最上面影片。

此外，商品名稱或服務名稱以外的關鍵字也可以透過搜尋來吸引顧客。假設要介紹改善黑頭的商品，可以製作標題含有「黑頭 乳霜」或「黑頭 鼻翼」的影片。

挑選關鍵字的技巧

簡單來說，選擇關鍵字的方法有以下兩種。

> - 從 YouTube Suggest 挑選
> - 使用工具

第 83 頁也介紹過 YouTube Suggest，在 YouTube 的搜尋框內輸入關鍵字，就會自動顯示相關的關鍵字。Suggest 是「提議」的意思，代表 YouTube 會顯示與輸入關鍵字有關的關鍵字（經常搜尋的關鍵字）。

在 YouTube 的搜尋框內輸入關鍵字，按下空白鍵後，就會顯示建議的關鍵字。下圖是輸入「黑頭」顯示的子關鍵字，這些是需求特別強烈的元素。檢視子關鍵字，可以推測在 YouTube 搜尋黑頭的人在意以下這些事。

- 「想瞭解鼻翼黑頭的成因」
- 「想知道改善黑頭粉刺的方法」
- 「想瞭解腋下黑頭的解決方法」

在影片的標題使用這些關鍵字，並依照該主題製作影片，於影片內適時介紹商品。

接下來要介紹使用工具的方法。第 77 頁介紹過的 Rakko Keyword 是很方便的工具，你可以利用它來篩選相關的關鍵字。在搜尋框輸入「黑頭」，就會顯示大致有關的複合關鍵字。

● YouTube Suggest

Rakko Keyword 會收集各種服務的建議資訊。只要切換成 YouTube 圖示，就可以看到 YouTube Suggest 關鍵字。

2 在搜尋結果中獲得更高的排名

在標題加入目標關鍵字，並以該主題製作影片，未必能獲得較好的搜尋排名。

就這個範例而言，在 YouTube 搜尋關鍵字「黑頭」時，最理想的狀態是你的影片會顯示在最前面。

可是「黑頭」有各種意思，搜尋這個字的人想要什麼資訊？大致思考有以下這些可能性。

● Rakko Keyword（https://related-keywords.com/）

- 黑頭的成因
- 改善黑頭的方法
- 黑頭建議使用的保養品
- 毛孔黑頭
- 鼻翼黑頭
- 腋下黑頭
- 私密部位黑頭

YouTube 的搜尋策略和 SEO 有共通點。一般認為關鍵字的相關性與資訊的完整性對 SEO 策略而言很重要。

換句話說，搜尋「黑頭」時，若希望在 YouTube 的搜尋結果與 Google 的網頁搜尋結果中，獲得較前面的排名，就得涵蓋所有搜尋意圖。

以這次的例子來說，必須依照前面提到的關鍵字來分別製作影片。

例如筆者希望用關鍵字「副業」搜尋時，能在 Google 的網頁搜尋結果及 YouTbue 搜尋結果中，獲得較好的排名而發布了 26 支與副業有關的影片。

廣義關鍵字的每月搜尋量（一個月被搜尋多少次）較高，其中涵蓋的搜尋意圖也較多，因此必須製作多部有關的影片（請見下圖）。

想達到這個目的，一定要同時提高頻道的專業性。

附帶一提，用關鍵字搜尋時，在 YouTube 發布的新影片比較容易顯示在前面。不過這只是暫時的現象，如果沒有符合條件，排名就會隨著時間逐漸下降。

● 筆者的頻道內與「副業」有關的影片

Q　副業		✕
動画（26）　すべて表示		
[5:10]	副業で高い確率で失敗する人のチェックリスト「該当したら稼げ… ▼副業の学校▼ ✅https://fukugyou-gakkou.jp/ 今回の動画では、副業しても高い確率で失敗するであろう人の特徴をリスト化していこうと思い…	2020/09/13 公開日
[15:05]	【副業始めて2週間】会社員でも個人で稼げました 今回は副業の学校受講生のちっきーさんと対談を撮りました。ちっきーさんはサイトアフィリエイト講座とWEBライター講座を受講中です。…	2020/07/14 公開日
[10:40]	副業禁止の会社でも副業がバレないやり方「バレるのは2パターン… 今回は副業禁止の会社に勤めていながら、バレずに副業をする方法について解説していきます。こんなというと違法なことのように感じて…	2020/05/28 公開日
[11:09]	【月5万】おすすめのネット副業の選び方「詐欺に気を付けろ」 今回はネット副業の種類について解説します。副業解禁を受けて、更に最近の情勢から【自宅で稼ぐ】事に高い注目が集まっています。「な…	2020/05/23 公開日
[16:08]	【コロナ禍】在宅副業で月20万円！？【リモートワークで高収入】 副業の学校の受講生のまりえさんと対談を撮りました。まりえさんはシングルマザーで在宅ワークで本業がある中、副業という形でアフィリエ…	2020/05/07 公開日

狹義關鍵字的影片

如果是精準、狹義的關鍵字（影片主題）呢？

假如是商品名稱等的關鍵字，範圍就非常小。因為搜尋商品名稱與相關關鍵字的人已經瞭解該項商品，只想知道補充資訊而已。

搜尋者想知道的事情愈具體，內含的搜尋意圖愈少，要製作的影片數量也會變少。

下圖是洗面乳「Doroawawa」的建議關鍵字。檢視之後，似乎有許多人想知道效果、用法、或 Doroawawa 的廣告。

思考方法非常多元，正確答案不只一個。如果是筆者，我會製作一部「試用 Doroawawa ！泡沫洗臉會讓痘痘及毛孔產生什麼變化！？」的影片。

> • 改善痘痘與毛孔的效果
> • 起泡方式、洗臉方法

● 商品名稱「Doroawawa」的建議關鍵字

在影片內以試用方式呈現，就能完整涵蓋搜尋者想知道的所有事情。

當然你也可以分別製作「使用 Doroawawa 的效果」、「說明用法」等影片。

和一般關鍵字（剛才列舉的「黑頭」等）不同，這種關鍵字的搜尋意圖明確，即使製作的影片數量較少，也可以提供全面性的資訊。

商品名稱等狹義關鍵字比較容易用相關關鍵字瞭解需求，可以鎖定目標，減少影片的製作數量。

3　選擇高單價的案件

想靠 YouTube 的聯盟行銷賺錢，訣竅是要「**選擇高單價的案件**」。因為製作影片所花費的心力與獲利不成正比。不論是低價或高價的案件，製作影片都一樣辛苦。

不管是 Rakuten 或 Amazon 的商品，還是 ASP 的合作案，報酬單價低或高，製作影片的過程都一樣。既然如此，就應該選擇高報酬的案子。

不過千萬別為了賺錢而昧著良心介紹高報酬的案件。筆者長期進行聯盟行銷，很清楚有許多惡質的服務或商品會提供較高的報酬。若向觀眾發布這種服務或商品，從使用者身上獲取不當利益，可能使你的信用受損。

介紹或銷售商品時，以下這幾點很重要。

- 充滿廣告氣息的影片無法賣出商品
- 想提高業績，也得誠實說出缺點

高價案件的確可以獲得較高的利潤，但是若為了賺錢而拼命推銷商品，可能失去信用，或無法成交。

假設有個私人健身房的案件，每成交一名顧客可以獲得一萬的報酬，你想進行聯盟行銷，卻還未使用過該服務。

此時，請實際試用這項服務，不論好壞都誠實公開，並製作成影片。

為了推銷而隱藏缺點，或根本沒用過，隨便用靜態照片合成影片，是賣不出東西的。

如果有你喜歡的商品或使用中的服務，可以透過 ASP、Rakuten、Amazon 進行聯盟行銷時，最好挑選高價案件，因為付出相同勞力，得到的報酬卻差很大。

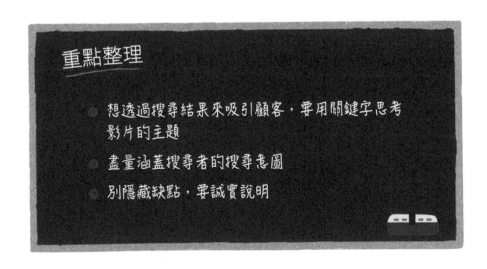

重點整理

◉ 想透過搜尋結果來吸引顧客，要用關鍵字思考影片的主題

◉ 盡量涵蓋搜尋者的搜尋意圖

◉ 別隱藏缺點，要誠實說明

YouTube 要成功，持之以恆很重要。這堂課要説明如何解決妨礙持續經營 YouTube 的各種原因。

第6課

面對 YouTube 帶來的挫折感

01 最大的挑戰就是 「無法持之以恆」

1 | 無法只靠零碎時間賺錢

為什麼一聽到「靠 YouTube 創業」或「用網路賺錢」，就有很多人直覺認為賺錢很輕鬆。他們可能以為有不為人知的密技，利用這種方法「只要花一點時間就可以賺大錢」。

包括 YouTube 在內，在網路上賺錢大致可以分成以下兩種方法。

- 販售技能的模式　　→ 網路作家、網頁設計師、**影片剪輯師**等
- 建立機制模式　　　→ 聯盟行銷、部落格、YouTube 等

前者與延續性無關，因為這種模式可以馬上賺到錢。

後者必須建立機制。當你想用部落格賺錢時，會認為「要先寫 100 篇文章」。但是發布 100 篇文章只是起點，不代表寫完 100 篇文章就能賺到錢。

賺錢必須「持之以恆」

這一點在 YouTube 也一樣。累積努力就像在存錢桶內存錢一樣,最後才會變成資產。

包含已經刪除的影片在內,筆者至今發布了 500 ～ 600 部影片,經營頻道的資歷也有三年多,算是非常有毅力。

這本書說明的每種賺錢方法都「需要持之以恆」。不論是用 YouTube 廣告賺錢,或是銷售獨家內容,還是 YouTube 聯盟行銷,只發布一部影片或心血來潮時才發布影片是賺不到錢的。

你仔細思考就可以瞭解,有很多頻道經營者,包括筆者在內,都賭上性命思考、製作、編輯 YouTube 影片(雖然有點誇張……),用草率的態度發布影片是無法賺錢的。

想賺多少錢因人而異,但是這不代表「非得賭上人生,拼了性命,否則無法在 YouTuber 賺到一毛錢。」若你想在 YouTube 做生意,不論花多少錢,都必須提高 E-A-T(專業性、權威性、可靠性),拉抬頻道的地位。

不論是取得 YouTube 合作夥伴計畫的資格（頻道訂閱人數 1,000
人，總觀看時數 4,000 小時），還是介紹自家或別人的商品，都必須
獲得「信任」，否則賺不到錢！

前面也多次提及，要固定更新頻率，讓觀眾養成觀看頻道的習慣，
這樣觀看次數就會穩定成長。此外，更新頻率愈高的頻道，訂閱人
數增加的愈多。

倘若你只是因個人興趣而開設 YouTube 也沒關係，不過如果你想當
作事業賺錢，必須記住「持之以恆」是最重要的事。

2　感覺挫折的最大原因是？

想把 YouTube 當作個人事業而開設 YouTube 頻道的人，恐怕十個人
之中只有一個人能賺到錢。其餘的九個人在獲利之前就停止發布影
片了。為什麼無法持續經營 YouTube？產生挫折的原因可以大致分
成兩個。

> - 發布 YouTube 影片的難度過高
> - 理想與現實的落差

發布 YouTube 影片的難度過高

製作 YouTube 影片要耗費的人力愈高，愈難持之以恆。大部分的人都是在有本業的狀態下，以有限的時間開始經營 YouTube，不會花錢在不熟悉的攝影、器材、編輯上，也沒有充裕的時間。要持續經營 YouTube，對人力或金錢都是沉重的負擔。

當然，賺錢不容易，你必須有「努力工作」、「盡力而為」的自覺。可是人類沒那麼強大，無法長時間維持高壓工作。

減少睡眠時間，把有限的資金花在器材及剪輯影片上，絞盡腦汁思考內容，發布影片，不難想像這樣的努力要持續幾個月、幾年是多麼困難的事。

理想與現實的落差

恕筆者直言，無法持續經營 YouTube 的人應該以為「賺錢很輕鬆」、「可以邊玩邊賺錢」、「靠興趣維生」才開始製作影片。可能也有人是懷抱著夢想「開始經營頻道半年後就可以月賺 5 萬，一年後就要辭掉工作！」

這種想法並不是壞事，但是無法持之以恆的重要原因之一，就是「理想與現實的落差太大」。

筆者也常收到與 YouTube 有關的提問，從提問的內容也可以看出這一點。

- 「努力發布影片卻沒有人觀看」
  → 其實他的頻道只發布了十部影片

- 「已經持續經營 YouTube 頻道三個月了，卻還無法通過 YouTube 合作夥伴計算的審核條件。」
  → 這個頻道一週只發布一部影片

- 「製作了高品質的影片，觀眾的反應卻很冷淡，沒有粉絲。」
  → 只拍攝自己想說的內容（※ 所謂的高品質影片是指回答觀眾想知道的問題，也一定會獲得迴響）

把「認真」、「努力」的標準設定為「每週發布一部影片」或「持續幾個月」是錯的。

抱持著這種想法加入 YouTube 之後,你可能會發現「奇怪!?我付出這麼多努力,卻完全沒有人看……」、「就算花這麼多時間也沒人看,乾脆停掉好了。」

3 持續經營 YouTube 的方法

該怎麼做才能持續經營 YouTube 呢?

```
1. 別設定過高的目標
2. 一步一步慢慢來
3. 剛開始要重量過於重質
```

只要注意這三點,就比較容易持之以恆。接下來要逐一解說這幾點。

別設定過高的目標

「半年後達到月收 10 萬」這種過大的目標容易造成挫折感。筆者不曉得對每個人而言,月收目標設定多少才適合,但是筆者認為「一年後每月賺到 5 萬」比較實際。當然,根據 YouTube 的收益模式及工作量,有些人很快就能達成目標,甚至也有人可以賺到更多。

可能有人會覺得「才 5 萬啊……。」可是請你仔細想一想，在公司工作一年，薪資要增加 5 萬非常困難。

降低目標是比較好的作法，可以避免理想與現實的落差太大（心中有遠大的抱負固然很好！！）。

這種想法或許離題了，但是一開始時把經營 YouTube 的重點擺在「樂趣」而不是「賺錢」，會比較容易達成目標。

「在享受樂趣的過程中，不知不覺賺到錢」這是不會感到辛苦就賺到錢的唯一捷徑。

一步一步慢慢來

要持之以恆，細細品味成就感也很重要。持續敲打不會響的鐘是一種折磨。

一開始期望過高，不但無法感受到成就感，還得一次又一次面對「無能的自己」。

- 「這部影片的目標是達到一萬次的觀看次數！」
  → 剛開始的觀看次數通常都只有個位數

- 「第一個月就要通過營利審核！」
  → 通常有知名度的人才能在第一個月達成

- 「我要每天更新影片！」
  → 每天更新比你想像的還辛苦

剛開始登山的新手很少人會挑戰富士山吧！一般應該會先練習爬附近的小山。從增加體力開始學習登山的基礎，並在戶外用品店準備好裝備再挑戰。

YouTube 也一樣。一步一步努力才能持之以恆。

- 完成拍攝！
- 上傳影片！
- 有 10 次觀看次數！
- 訂閱人數有 10 人！

用小事讓自己產生「我做到了！」的想法（樂趣），接著再挑戰稍微難一點的目標，在享受成就感的同時繼續前進，就可以提升持續力。

剛開始量重於質

「重質還是重量？」如果你想賺錢，一開始應該重量。

常言道「滴水穿石」確實如此。因為如果要說明「何謂質？」，就需要有相對應的量，而且在努力的過程中，質也會逐漸提高。

假設你的頻道每月更新一次，想讓觀眾認識你的頻道恐怕言之過早。就算以「質」為考量，要以這樣的工作量來提高品質也需要花很多時間。因此剛開始若要提高頻道的知名度，建議先把質放一邊，維持一定的更新頻率。

這樣做的原因有三個。

> 1. 習慣錄影
> 2. 習慣YouTube
> 3. 讓觀眾認識你

無法持之以恆是因為「不習慣」。

因為不習慣，錄影時會感到害羞。剛開始可以不用特別編輯影片，使用智慧型手機拍攝也沒關係。大家最初的程度都一樣，不用特別在意。當你看過筆者初期的影片就可以瞭解，影片編輯得有點怪，表達方法也差強人意。拍攝了幾百部影片之後才慢慢習慣。

總之要一步一步慢慢來（像嬰兒學步般愈來愈穩），從負擔較小的目標開始，重量過於重質，這樣反而比較容易持續下去。

重點是剛開始別追求結果（賺錢）。

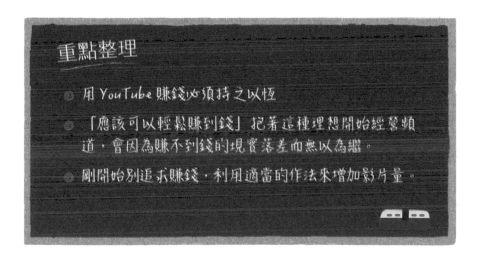

重點整理

- 用 YouTube 賺錢必須持之以恆
- 「應該可以輕鬆賺到錢」抱著這種理想開始經營頻道，會因為賺不到錢的現實落差而無以為繼。
- 剛開始別追求賺錢，利用適當的作法來增加影片量。

02 找不到題材時的策略

1 思考類別的性質

為了避免出現找不到題材的窘境，一開始在設計頻道時，必須確定
該類別的主題是否廣泛。

前面曾經說明過「剛開始先以成為小眾類別的專家為目標！」但是
沒有廣度的類別立刻就會發生題材用完的問題。

假設要成立一個關於「獨角仙」的 YouTube 頻道。在「獨角仙」
這個超小眾的類別搜尋資料後，該如何擴大範圍？「昆蟲」或「蟲
子」應該可以當作同類主題的類別。製作 10 部「獨角仙」的影片之
後，大概就已經介紹完所有資料，不過若是「昆蟲」或「蟲子」，應
該還有值得解說的內容。

當範圍超出太多，可能有逐漸離題的風險（例如「動物」）。即使利
用同類主題將範圍擴到最大，這種主題的頻道訂閱人數頂多只有 5
萬人吧？

如何推測頻道類別的成長率

假如你想知道你選擇的類別,頻道訂閱人數的成長率有多少,只要檢視該類別內的其他對手,就可以大致瞭解(請見下一頁的圖示)。在 YouTube 的搜尋中,輸入類別名稱,點擊「篩選器」,將搜尋對象的類型設定成「頻道」進行搜尋,就會顯示屬於該類別的頻道。

這個範例搜尋了「聯盟行銷」,就算是實用的頻道,訂閱人數頂多只有一萬人,大部分還不到 1,000 人。

超過 10 萬人的頻道只有筆者與部落客 Manabu。原因很清楚,因為我們發布的影片主題比「聯盟行銷」更廣(「副業」、「商業」等)。

請試著用這種方法搜尋各種類別,就能從該類別的上、中、下層頻道找出規則。

如果是可以擴大到各層的類別,影片的題材就很多,不會陷入沒有題材的窘境。該如何選擇具有廣度的類別呢?

筆者個人的意見是「由終點開始回推,從最小的類別開始經營」,這種方法具有一定的效果。假設設定了最終要達到「瘦身」這個大類別的目標,接著反推抵達該目標的途徑,並事先做好計畫。

● 在搜尋框輸入類別名稱（例如「聯盟行銷」）

● 在「篩選器」將搜尋對象的類型更改成「頻道」

「類型」切換成「頻道」

● 確認頻道的訂閱人數

筆者對瘦身類別不是很瞭解，但是筆者會依照以下順序一步一步完成。

1. 剛開始以「美臀」為主
2. 擴大至「美腿」
3. 加入與「飲食控制」有關的主題
4. 加入與「有氧運動」有關的主題
5. 加入與「鍛鍊肌肉」有關的主題
6. 開始討論「瘦身」

「美臀」可以發布的題材可能很有限，但是擴大範圍之後，影片的題材也會增加。

在設計頻道的階段，很少人注意到這種方法，請務必當作參考。

2 從關鍵字選擇題材

第五課的 03 說明過，依關鍵字挑選影片題材比較知道該選擇哪些內容。此外，用關鍵字選擇題材可以避免「以自我為中心傳達想談論的內容」。因為關鍵字代表使用者的心聲，從中選擇影片題材一定可以提供使用者想知道的資訊。

相對來說，根據自己的想法思考影片題材，總有一天題材會用完。事物的本質只有一個，所以解說一件事情不可能有無限的題材。

擴大類別，當作主軸的關鍵字會產生變化，從中得到的題材也會增加。

3 從熱門主題挑選題材

「以熱門主題為主」是另外一種選擇影片題材的基準。這也是讓影片成為建議影片的策略之一。YouTube 是 Google 的平台，演算法雖然類似，卻和 SEO 有些不同。

SEO 是比賽爭奪排名，有人排在第一，有人排在第二，是個競爭激烈的世界。

可是 YouTube 不一樣。用當時的熱門主題製作影片，就能因為產生關聯性而出現在建議的影片中。YouTube 的常見題材「史萊姆浴池」也有許多 YouTuber 用相同主題發布了影片。

當觀眾播放了某個人製作的史萊姆浴池影片後，建議的影片就會顯示其他人拍攝的類似內容，形成彼此協助增加觀看次數的情況。

因此平常先觀看同類別不同頻道經營者的影片，拍攝相同熱門主題也是不錯的策略。

頻道等級差距太大或類別不同的影片很難出現在建議的影片中

只不過有兩個注意事項。

1. 以同等級頻道的熱門主題為目標
2. 不做其他類別的影片主題

根據建議影片的演算法，頻道等級差異太大的影片很難出現在建議影片中。

例如筆者就算以 Mentalist DaiGo 的熱門影片主題為題材來拍攝影片，通常不會出現在建議的影片中。因為在撰寫本書的當下，DaiGo 的頻道訂閱人數約 230 萬人，而筆者只有 10 萬人。

若要仿造主題，最好從相同或較低等級的頻道中挑選熱門影片，這樣出現在建議影片的機率較高。完全不同類別的頻道，就算仿造其熱門主題，也很難出現在建議的影片中。筆者的頻道以發布商業資訊為主，即使拍攝「史萊姆浴池」影片也不會有人感興趣吧！沒興趣的影片就不會去點閱，觀眾續看率也會變差。使用者參與度較差的影片很難出現在推薦或建議的影片中，因此這種方法不算是完美的策略。

仿造熱門影片主題時，必須注意以上這兩點。

雖然可以「仿造主題」，但是內容不能一模一樣，因為這樣是違規的。請針對該主題提出自己的想法，製作出你可以提供的內容，這點很重要。

4 改造過去的熱門影片

解決題材耗盡的策略之一，就是改造過去的熱門影片。

筆者認為持續經營頻道可以累積一定的能量。還未培養出頻道能量時，就算是熱門影片，觀看次數也不會大幅成長。可是隨著頻道的訂閱人數達到一萬人、兩萬人、三萬人之後，熱門影片的基準也會改變。開設頻道初期只要觀看一萬次，就會成為熱門影片。不過最近有些影片是一週內的觀看次數為 14 萬次才能成為熱門影片。

根據這個看法，你可以持續改造、更新過去的熱門影片。

當頻道規模還小時做的熱門題材，等到累積了一定能量之後，應該會有更多人觀看。你也可以從其他角度深入研究，重新拍攝過去發布的熱門影片！「徹底說明關於○○的三個解決方法！」倘若這部影片曾受到歡迎，你可以試著從三個解決方法中，選擇其中一種來深入探討，拍成影片。

這樣就能產生取之不盡的影片題材。你可以把 YouTube 的影片當成庫存資產。

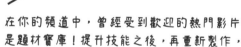

在你的頻道中，曾經受到歡迎的熱門影片是題材寶庫！提升技能之後，再重新製作，會變成品質更棒的影片。

5 回答觀眾的留言

當你煩惱「沒有題材」時，請製作回答觀眾留言的影片。其實這類影片非常受觀眾歡迎。

YouTube 是一種能提供適當資訊量的工具，可以用來建立品牌。取得雙向溝通之後，能成為觀眾參與型頻道，進一步加深彼此的信任關係。

站在觀眾的立場，當自己的留言被唸出來，或成為影片題材應該會很開心吧！拍攝影片回答觀眾的留言，只有好處沒有壞處。這樣不但可以當作影片的題材，還可以提高參與度，也能與觀眾溝通。

在影片還無人留言的階段，也可以利用其他方法，取得留言等意見。例如使用以下方式。

- 在摘要設定問題箱
- 利用 Twitter 等社群網路尋求意見
- 試著使用 YouTube 社群的問卷調查功能

問題箱可以使用「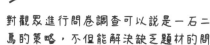」[1] 服務。

在 Twitter 發布「想看什麼內容？」的推文，可能會收到大量意見。假如利用 YouTube 社群的問卷調查功能，事先準備選項，也許會有人投票。

根據觀眾的反應來製作影片，一定可以培養出對使用者很友善的頻道。

對觀眾進行問卷調查可以說是一石二鳥的策略，不但能解決缺乏題材的問題，也可以拉近與觀眾的距離。

重點整理

- 剛開始在設計頻道時，要注意類別的廣度再開始經營，這點很重要。
- 從關鍵字或熱門主題中挑選題材也很有用
- 改造或深入挖掘過去拍攝的熱門影片
- 回答觀眾的問題

---

1 https://peing.net

03 必須有被批評或唱反調的自覺

1 公開的影片內容會成為評論對象

不論是部落格或是 YouTube，對外發布資訊時，就會成為被批評的對象。獲得好評當然不錯，不過你也可能會得到壞評。

這些壞評之中，可能會有讓頻道成長的意見或建設性的批評，但是在網路世界裡，也會有惡意批評或唱反調的意見。有些人是因為這個原因造成精神壓力而無法持續經營 YouTube。

頻道訂閱人數少，影片很少人觀看時，這種情況倒不多見，一旦出名之後，出現一定比例的批評留言在所難免，你必須做好心理準備「這就是受歡迎的證據！」。

製作影片非常辛苦，但是按下不喜歡的按鈕卻很簡單。與製作影片相比，提出批評或反對意見易如反掌。

「因為害怕被批評」所以不敢往前進，就本末倒置了，但是天真的認為「一定有很多人會支持我！」而加入 YouTube，可能會因理想與現實的落差而感到挫折。

當然，製作有益於使用者的優質影片能減少差評。可是，不論製作出多麼優秀的作品，也不可能滿足或討好每個人。

事先瞭解這一點也很重要。

2　誹謗中傷與反對意見的特色

經營 YouTube 可能會碰到超乎想像的惡意毀謗、中傷，不過其中也會有具建設性的反對意見。為了避免錯失成長機會，得分辨清楚。YouTube 的特色是資料量多，能輕易吸引粉絲，同時也容易招來批評。

只要正確理解，妥善因應就不用擔心。

這本書會一併說明解決對策，但是在此之前，瞭解「為何會這樣？」的行為本質，就能做出冷靜的判斷。

誹謗中傷者的特質

① 建議與誹謗中傷截然不同

誹謗中傷與建議或誠實的批評有什麼差別？如果你把所有對自己不利的意見都當成誹謗中傷的話，就會錯失成長機會。筆者認為誹謗中傷與建議的差別如下。

> - 誹謗中傷是為了自己（留言者）
> - 建議是為了對方（頻道經營者）

假設有人在 YouTube 的留言寫下「無聊！」、「噁心」、「退出 YouTube 吧！」。這種留言只是「為了自己」紓解壓力，或想擺脫煩躁情緒。在筆者的定義中，這就是誹謗中傷。

如果是為了對方（頻道經營者），不應該在網路這種公開場合誹謗中傷別人。就算在公開的留言中提出建議，也要清楚告知「哪裡有什麼不妥，如何改善會變得比較好」。

筆者有時也會收到令人感謝的批評意見。

- 影片中的發音錯了喔
- 幾分幾秒的字幕打錯了喔
- 資訊 A 應該是 B 才正確吧？

當對方指出你疏忽掉的錯誤時，請立即修正，並向對方道謝。

有些觀眾會透過 DM（私訊）方式聯絡，這種意見讓人心懷感激，可以感覺到觀眾對於素未謀面的筆者所付出的關切。

可是在看不到對方的網路上，也有傲慢無理、不會為對方著想的人。現實生活中，不會對陌生人說出失禮的話，卻會在 YouTube 的留言或社群網路上這樣做。

這種誹謗中傷與建議的分界是筆者個人的意見，如果你可以將其當作頻道經營者的因應方針，筆者將深感榮幸。

請根據這個判斷基準，思考為什麼有人會誹謗中傷或反對別人。

② 嫉妒

基本上，筆者認為誹謗中傷的動機大多是因為嫉妒引起。當你的頻道訂閱人數增加，變得有名之後，就會出現這種留言。默默無聞的頻道很少會有中傷的留言。

知名頻道的發布者通常都是有魅力的人，內容也都很精彩。把 YouTube 當作事業經營，可以想見會有一定的收入，因此很容易成為被嫉妒的對象。

③ 想看看反應

有些人是對別人的反應感興趣。各種留言一來一往，全都是沒完沒了的討論。反駁誹謗，對反駁再次誹謗，再次反駁誹謗，不斷來來回回。

這是無聊的爭執，只是追求言語上的你來我往，這種人不過只想看看對方的反應而已。

④ 滿足認同感

在不特定的多數第三者都可以看到的 YouTube 寫下惡意批評或騷擾等讓人感到不愉快的留言，可能是因為想滿足認同感。如果你只是純粹討厭頻道的經營者，並想說出來的話，可以使用私訊，不需要公開。

在公開場合進行評論，可能希望有贊成自己的意見，或希望有人注意到提出反駁意見的自己。

瞭解了這種特色之後，就可以思考該如何處理。

3 ｜ 如何不受他人評價影響繼續經營頻道

因應方法很簡單，就是「別在意」。

就算你製作出品質優異的影片，把頻道經營的有聲有色，也還是會有這種人存在，請在一開始就先認清這一點。

當你收到極為惡意的留言時，只要隱藏即可。

你的 YouTube 頻道就像你經營的商店。你的商店要做什麼，全由你決定。比方說，當商店內變髒了，你會打掃乾淨。同樣的道理，留言亂七八糟時，其他觀眾也會感到不舒服。最重要的是，你也會受傷。

把留言變成審核制，如果你判斷這是誹謗中傷的留言，請毫不猶豫地隱藏起來。

前面說明過，真誠的反對意見也要誠實以對。再次重申，依照筆者的經驗，「為了你（頻道經營者）」的批評意見通常會包括具體的批評以及改進建議。無的放矢的批判或否定人格的留言請直接隱藏，無須猶豫不決。

如果你在隱藏留言之前，就看到而感到受傷時，可以利用 YouTube 的功能停止留言。

無論如何，持之以恆是最重要的事情，為了保持身心健康，請別在意別人的批評，找出適合你的頻道經營之道。

亂七八糟的留言會讓其他的頻道訂閱者感到不愉快。

重點整理

◎ 公開影片時，必須有承受批判的覺悟。

◎ 誹謗中傷與建議的界限是「這個意見是為了誰」

◎ 為了避免觀眾感到不愉快，也為了自己，請隱藏亂七八糟的留言，不要猶豫。

商業 YouTuber 的目標？

Sakai Yoshitada

多數人在工作上運用 YouTube 時，都會設定目標，例如吸引顧客或建立品牌。

「訂閱人數一萬人！」、「每月觀看次數 100 萬次」等屬於典型的 YouTuber 目標。

可是，對商業 YouTuber 而言，訂閱人數、觀看次數沒有那麼重要，重要的是訂閱人數及觀看次數的「品質」。

假設製作了兩部介紹自有商品或服務的影片。

   A 影片的觀看次數超過 1,000 次，但是觀眾的反應是 0。

   B 影片的觀看次數只有 50 次，卻有 5 個看過影片的人提出問題。

哪部影片會對公司的業績有貢獻？當然是 B。

企業運用 YouTube 的目的是銷售、推廣商品或服務，而不是透過觀看次數獲得廣告收益。因此重要的是如何讓對自有商品或服務感興趣的人觀看影片。

說得極端一點，就算觀看次數只有 10 次，這些觀眾若全都購買了商品，這樣的銷售量就足夠了。

因此，有些業務性質可能不會出現訂閱人數、觀看次數增加的情況。即便同樣是整骨診所，都市與鄉下的商圈不同，而且都市人口比較多，因此潛在的觀眾人數也不一樣。

當服務的目標族群有限制時，例如只有男性，或 40 ～ 60 歲女性，觀眾人數也會變少。

在這些情況下，觀眾人數受限，觀看次數及訂閱人數可能無法大幅成長。不是每位商業 YouTuber 都能達到「訂閱人數一萬人！」、「觀看次數 100 萬次！」的門檻。

因此，你必須思考如何將影片傳遞給世上「真正需要」你的商品或服務的人。

這次要介紹兩個訂閱人數、觀看次數少，仍成功吸引顧客的 YouTube 頻道。

訂製廚房 Stadion

（https://www.youtube.com/user/furukawayoshihiro）

從2018年開始正式在YouTube發布影片

經營頻道的公司：Stadion（股）公司（據點在東京、大阪）

業務內容：訂製廚房的開發、銷售、施工

影片數量：約100部

頻道訂閱人數：258人

目標：因新成屋、改建等情況而考慮訂製廚房的人

現在平均觀看次數：500～1,000次

這個頻道是用影片介紹至今承接過的訂製廚房案例或與客戶的訪談內容。2018年開始經營YouTube，當時平均觀看次數是100～300次。Stadion擅長全不鏽鋼檯面的廚房設計，影片中也只介紹這樣的案例。

因此，唯有想打造全不鏽鋼廚房的人才會造訪這個頻道，認為「只有這裡才有我要的！」而提出諮詢。

當然除了不鏽鋼之外，他們也可以設計其他類型的廚房，但是刻意鎖定自己擅長的領域，能與競爭對手做出差異化，找到真正需要訂製不鏽鋼廚房的人。

因此，初次與顧客討論就能快速達成共識。這些顧客通常已經看過大量 Stadion 的影片，「我想設計影片中那種廚房。」可以想像出理想中的廚房模樣，有時只要一個小時就能定案。

NEO FLAG.Wedding
（https://www.youtube.com/channel/UCfm7jCDA-ldO1zj_T5Ak0Kg）

從 2018 年開始正式在 YouTube 發布影片

經營頻道的公司：NEO FLAG.

業務內容：婚禮企劃相關事宜

影片數量：約 200 部

頻道訂閱人數：1,100 人

目標對象：考慮舉辦婚禮的情侶

現在平均觀看次數：500 ～ 2,000 次

這是提供「1.5 次會」婚宴形式的公司。

「1.5 次會」是指，以介於正式婚宴與二次會（譯註：正式婚宴結束後再於別處舉行的宴會）的形式來舉辦的派對。不像婚宴這麼正式，也不像二次會那麼隨意，在都會地區深受歡迎。

影片中提到舉辦 1.5 次會的建議，以及體驗過該服務的夫妻訪談。

這家公司於 2018 年正式開始經營 YouTube，當時的觀看次數是 100 ～ 500 次。這個頻道的影片和 Stadion 一樣，目標族群非常侷限，但是每個月卻能穩定地透過 YouTube 吸引顧客，而且成交率很高。

原因在於，他們「只製作針對目標族群的影片」。影片著重在與 1.5 次會有關的內容，不製作婚宴或二次會等其他婚禮形式的影片。這也是專注在公司擅長領域的結果。

不論哪種影片，透過企劃，都能以「訂閱人數一萬人」、「觀看次數 100 萬次」為目標。但是就算吸引了顧客，若無法增加業績也毫無意義。

首先請確實設定 YouTube 頻道的目的。

要以觀看次數、訂閱人數等「數量」為目標？還是觸及潛在顧客，以「質」為目的？影片內容會隨著你設定的目標而異。

如果以「質」為目標，就得徹底分析自有商品或服務的優勢，同時製作出傳達該商品或服務的影片。倘若你很貪心地把各種主題放在同一個頻道裡，反而很難做出成果。

請注意盡量在頻道內吸引有相同需求的觀眾。

重點在於「別製作什麼影片」而不是「製作哪種影片？」

作者簡介

酒井祥正（さかい よしただ）

20 歲開始就在影像製作公司參與戲劇、電影、動畫、電視節目等各種工作。從事過攝影師、影像剪輯師、總監、主播、記者等職務。

自 2015 年開始，成立與行銷影片有關的 YouTube 頻道「影片集客頻道」，到目前為止，已經發布了 600 部與 YouTube 相關 Know How、技巧的影片。

現在以中小企業為對象，提供 YouTube 頻道建置的諮詢，包括所有影片行銷需要的企劃、拍攝、編輯、發布、器材、說話方式等整合服務。

2019 年成為日本第三位 YouTube 官方任命的 Video Contributor，致力於培養年輕創作者。

- YouTube 頻道：
  https://www.youtube.com/channel/UCnfOvxeJnEdTHVc4AXMUlIA
- Twitter 網頁：https://twitter.com/yoshitadasakai

如何運用 YouTube 數據分析

使用 YouTube 數據分析，就可以對你發布的影片進行各種分析，請將這項工具運用在你的頻道策略上。

01 YouTbue 數據分析是什麼？

1 可以對影片進行數據分析的工具

YouTube 數據分析（YouTube Contributors）是可以免費分析 YouTube 影片的工具，包括哪種人在哪裡如何觀看影片。

你的影片是否正確傳遞給最初設定的人物誌？還有他們是否對影片感興趣？瞭解這些資料非常重要。方向錯誤，卻用一直用相同作法來製作影片當然不會成功。

使用 YouTube 數據分析，可以分析演算法並詳細瞭解使用者行為。每次發布影片時，都要經常確認，並將分析結果運用在下一次的影片上。

2 | 開啟 YouTube 數據分析的方法

在 YouTube 工作室 可以開啟 YouTube 數據分析。登入你的 YouTube 頻道，點擊右上方的圖示，就會顯示選單。在選單中選擇「YouTube 工作室」。

● 從右上方的圖示選取「YouTube 工作室」

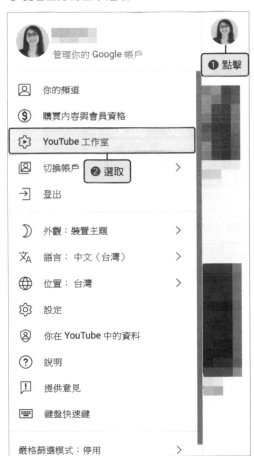

● 在 YouTube 工作室的資訊主頁選取「數據分析」

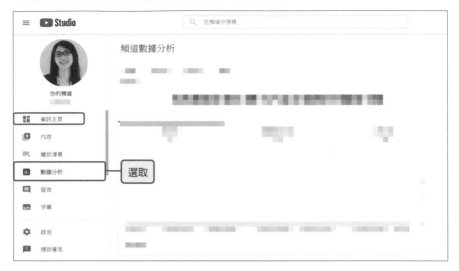

3 | YouTube 數據分析可以瞭解的內容

如果要在 YouTube 從事商業活動，就得瞭解你製作的影片傳遞給誰，如何傳遞，如何被評論。這和使用 YouTube 進行商業模式一樣，因為「目標對象沒有看到就等於不存在」。

YouTube 數據分析可以瞭解整個頻道與每部影片的資料。「你製作的影片在何處曝光多少次？」取決於 YouTube 的演算法，但是你可以藉此確認你的影片是否符合演算法。

例如檢視使用者的行為與反應，或確認你的影片在 YouTube 的何處有較多的曝光量，就可以瞭解影片的趨勢。假如你製作的影片有直接傳遞給目標使用者，應該會獲得大量好評及反應。

此外，還必須確認使用者的屬性。當然，如果你是以商業角度在經營 YouTube，也得確認收益。下一節開始將詳細說明，這些資料全都可以利用 YouTube 數據分析確認。

發布影片之後要進行分析，瞭解「影片如何被觀看」，也可以當作下次拍影片的參考。

重點整理

- YouTube 數據分析是可以分析影片數據的工具
- 可以瞭解影片被觀看了多少次，在哪裡曝光等

02 檢視主要的統計資料

1 │ 總覽

切換 YouTube 數據分析首頁的標籤,就可以檢視各種主要的資料。

首先將說明整個頻道的「總覽」標籤(請見下一頁的圖示)。這裡可以檢視整個頻道的狀態。你可以用圖表確認這些資料在設定的期間內如何變化。

- **觀看次數**

  可以瞭解整個頻道的觀看次數變化。

- **觀看時間**

  可以瞭解整個頻道的總觀看時間變化。

- **訂閱人數**

  可以瞭解頻道訂閱人數的變化。

- **你的預估收益(只有通過 YouTube 合作夥伴計畫才會顯示)**

  可以瞭解與所有 Google 廣告業主交易的合計預估收益(純益)。

2 | 觸及率

YouTube 數據分析中的「觸及率」標籤可以瞭解影片的曝光位置。
這裡可以知道頻道內的影片會在 YouTube 的哪裡、如何曝光，還有
獲得了多少反應（請見下一頁的圖示）。

● YouTube 數據分析的「總覽」標籤

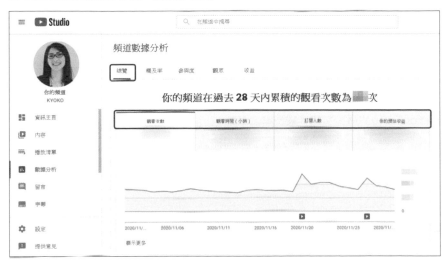

- 曝光次數

  可以瞭解該頻道影片在 YouTube 的曝光量（縮圖的顯示次數）。

- 曝光點閱率

  可以瞭解顯示縮圖後（曝光），有多少比例被點擊，也就是打開影片的機率。

- 觀看次數

  可以瞭解整個頻道的觀看次數變化。

- 非重複觀眾人數

  可以瞭解在設定的期間內，觀看了頻道影片的使用者人數。

● YouTube 數據分析的「觸及率」標籤

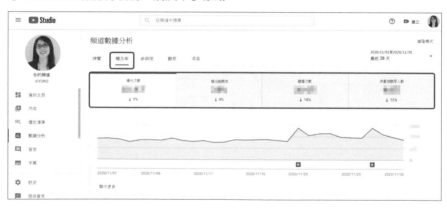

3 參與度

在 YouTube 數據分析的「**參與度**」標籤中，可以瞭解觀看了頻道影片的觀眾有什麼行為（請見下圖）。

參與度標籤可以深入瞭解「觀眾續看率」。

- **觀看時間**

  可以瞭解整個頻道的觀看時間變化。

- **平均觀看時長**

  可以瞭解在設定的期間內，觀眾每次平均觀看影片的時間有多久。

● YouTube 數據分析的「參與度」標籤

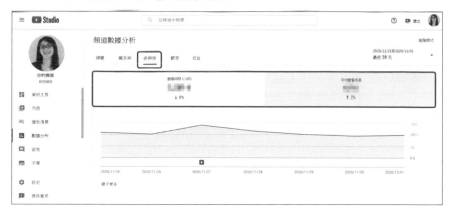

在 YouTube 數據分析的「觀眾」標籤可以瞭解你的頻道影片如何觸及觀眾,還有頻道訂閱人數的變化(請見下圖)。

● 回訪的觀眾

可以瞭解在設定的期間內,有多少使用者觀看過你的影片。

● 非重複觀眾人數

可以瞭解在設定的期間內,每位使用者在頻道內觀看影片的次數。

● 訂閱人數

可以瞭解在設定的期間內,頻道訂閱人數的增減。

● YouTube 數據分析的「觀眾」標籤

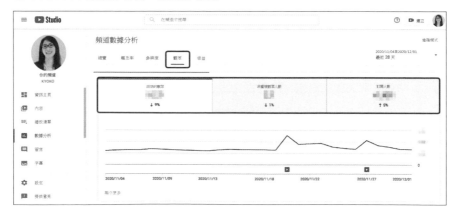

5 收益

YouTube 數據分析的「收益」標籤可以瞭解使用了 YouTube 能有多少廣告收益（請見下圖）。

- 您的預估收益

  可以瞭解與所有 Google 廣告投放者合作的預估收益（純益）。

- 預估營利播放次數

  可以瞭解每次千次觀看的收益金額。

- CPM（依播放次數）

  可以瞭解收益對象的觀看次數每千次廣告商支付的金額。

● YouTube 數據分析的「收益」標籤

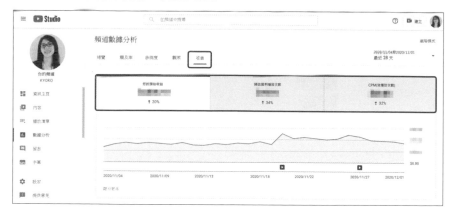

6　個別檢視影片資料的方法

除了整個頻道之外，還可以檢視每部影片的數據分析資料。

點擊 YouTube 工作室首頁左邊的「內容」（請見下圖），會顯示頻道內的影片清單，請點擊縮圖旁邊的「數據分析」圖示（請見下一頁上圖），就能顯示這部影片的資料（請見下一頁下圖）。

顯示的資料項目和整個頻道的資料一樣，切換畫面上的標籤，可以進一步瞭解裡面的數據。

● 利用左欄的「內容」個別檢視影片的數據

● 從各個影片的「數據分析」檢視相關資料

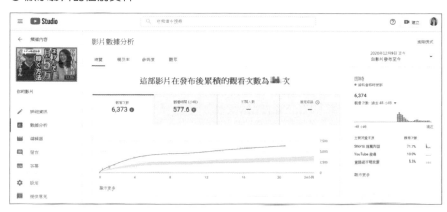

● 顯示影片的個別資料

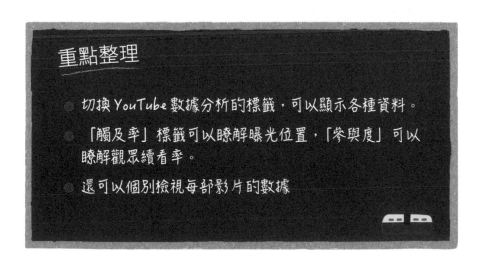

重點整理

◎ 切換 YouTube 數據分析的標籤,可以顯示各種資料。

◎ 「觸及率」標籤可以瞭解曝光位置,「參與度」可以瞭解觀眾續看率。

◎ 還可以個別檢視每部影片的數據

03 你的影片會出現在哪裡？

1 YouTube 內的使用者來自何處？

你製作的影片會在哪裡曝光？

如果要確認這一點，必須仔細檢視 YouTube 數據分析的「觸及率」標籤內容。

首先請確認你的影片在 YouTube 內的何處曝光多少次（請見下一頁的圖示）。你應該檢視的項目是「流量來源類型」。

每個項目只要點選「顯示更多」就會顯示內容。

各個項目的檢視方法

- 瀏覽功能

  出現在主畫面或首頁的推薦，或來自「訂閱內容」、熱門、觀看記錄、播放清單的流量，就屬於瀏覽功能。

  確認這個項目的比例，就能瞭解是否提供了適合的影片（縮圖、標題、影片內容等）給目標使用者。

- YouTube 搜尋

  知名度低的頻道都是先由搜尋來聚集人氣。有些人會在 YouTube 內的搜尋框輸入影片的關鍵字,這是屬於「YouTube 搜尋」的流量。只要努力研究關鍵字策略,此數值應該會變高。

● 流量來源類型

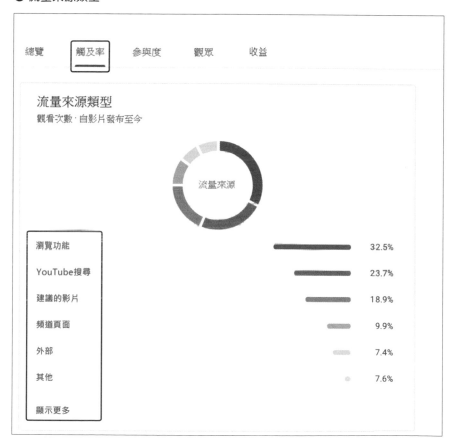

- 建議的影片

  建議的影片是指流量來自在影片旁邊的「推薦」影片，或播放影片後立即顯示的影片。YouTube 演算法判斷為關聯性較高的影片，就會顯示為建議的影片。除了你的頻道影片，當然也會顯示其他頻道的影片。

  熱門影片在發布不久之後，「建議的影片」比例就會變高。

- 頻道頁面

  這是指來自你的 YouTube 頻道頁面的流量，大多都是已經訂閱了你的頻道的使用者。

- 外部

  這是指來自搜尋引擎的流量，或在某個網站或部落格貼上影片後，來自該處的流量。

2　YouTube 以外的流量

除了 YouTube 內的數據，也要先確認其他地方的流量。在「 流量來源：外部 」可以看到來自外部網站的流量，如下圖所示。

以筆者為例，如果 YouTube 的影片出現在 Google 及 Yahoo 的搜尋結果中，這裡會顯示「Google Search」「Yahoo Search」。如果流量來自 Twitter、Instagram、Pinterest 等社群網路，也會在這裡顯示這些項目的比例。

如果採取了正確的搜尋關鍵字策略，經由搜尋引擎的流量也會增加。倘若你成功透過社群網路吸引到流量，可以在這裡確認結果。

● 外部流量

流量來源：外部
觀看次數・自影片發布至今

總流量占比：		7.4%
Google Search		31.0%
Yahoo Search		10.8%
pinterest.com		2.5%
jp.co.yahoo.android.yjtop		1.8%
Twitter		1.7%

顯示更多

縮圖的搶眼度會影響到你製作的影片在多個地方露出（曝光）時，有多少點閱率。如果縮圖不吸引人，觀眾就不會觀看影片。

要瞭解這一點，就必須檢視點閱率。「曝光次數和對觀看時間的影響」可以確認縮圖是否有吸引力（請見下圖）。

這裡的點閱率是指在 YouTube 頻道內的曝光。據說平均點閱率為 3 ～ 4%，整個頻道的所有影片有一半的點閱率為 2 ～ 10%。

● 曝光次數和對觀看時間的影響

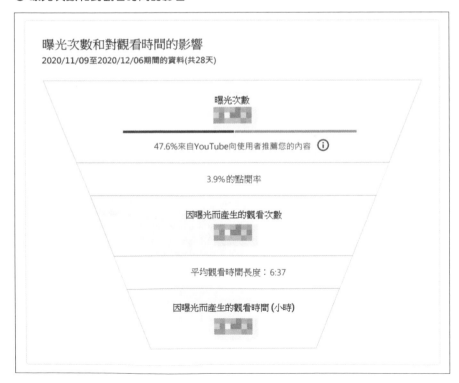

點閱率的平均數值會隨著曝光場所而改變。

例如,因主畫面推薦而曝光的影片點閱率低,但是在頻道頁面曝光的影片點閱率較高(因為頻道頁面是頻道訂閱者等粉絲們會瀏覽的地方)。

我們同樣也可以確認各個影片的點閱率,請在影片發布後的 2 ~ 3 天再檢視數據。

例如,筆者以 5 ~ 6% 的點閱率為目標而製作了縮圖,如果縮圖的點閱率很低,就要重新修改。在 YouTube 平台上,標題與縮圖都很重要,因為這是影片的入口,也是成敗關鍵。

4 是否有其他影片為你的頻道導入流量?

為你的頻道導入流量的通常都是你的影片,但是也會有從其他影片導入流量的情況,那就是建議的影片。

「流量來源:建議的影片」會顯示為你的頻道導入流量的影片清單,如下頁所示。

點擊「顯示更多」,就能檢視所有建議的影片及來自建議的影片所導入的流量。

當你的影片成為建議的影片時，該影片極可能有機會讓更多人認識你的頻道。如果建議的影片是其他頻道的影片，代表該影片的性質可能與你的熱門影片類似。

你可以透過影片的數據分析確認這些來自建議影片的流量，所以發布了新影片，經過一段時間後，請檢視該影片的流量數據。

剛發布影片不久，通常不會立刻從建議的影片導入流量，但是如果策略正確，來自建議影片的流量會逐漸增加。

● 來自建議影片的流量明細

5 瞭解觀眾是透過哪個 搜尋關鍵字 發現你的頻道

請確認透過 YouTube 搜尋導入的流量。「流量來源：YouTube 搜尋」可以檢視相關數據（請見下圖）。

這裡的關鍵字是根據你的頻道主題而定。按下「顯示更多」，就會顯示其他的搜尋關鍵字。

成立頻道不久就置之不理，不會有人觀看影片。無人觀看的影片也不會有評價，更不可能出現在推薦或建議的影片中。因此，不論過了多久也不會有任何曝光。

一開始以透過 YouTube 搜尋導入流量為目標來製作影片，就算是剛起步、默默無聞的頻道，也能經由搜尋被看見。

● YouTube 搜尋關鍵字

請注意搜尋量，並利用符合頻道主題的關鍵導入流量。

流量來源是告訴你觀眾來自何處的功能，透過這些數據可以瞭解究竟是哪種途徑的接受度比較高。

重點整理

◎ 檢視 YouTube 數據分析的流量來源，瞭解流量是來自哪個途徑。

◎ 還能瞭解來自外部的流量，以及縮圖的吸引力。

04 影片的內容是否能打動觀眾？

1 | 分辨影片好壞的方法

經營 YouTube 最重要的關鍵是持續發布影片，但是要不斷發布影片，同時執行 PDCA（計畫、執行、評估、改善的循環）更困難。持續發布反應率不佳的影片也無法讓頻道成長，而且毫無意義。

書中曾多次提及，在 YouTube 發布的影片應該是「目標對象想知道的內容」而不是「自己想發布的訊息」。倘若忽略了這一點，就會製作出反應率不佳的影片。

對身為平台方的 YouTube 而言，當然希望使用者可以長期使用自家服務，因此 YouTube 認定的「優質影片」或「優質頻道」，一定是「觀看時間長」、「觀眾續看率高」。

確認參與度標籤

請確認 YouTube 數據分析的「參與度」標籤（請見下圖）。

在參與度標籤內，會顯示整個頻道的「觀看時間」以及「平均觀看時長」。

平均觀看時長是使用者觀看每部影片的時間標準，有較多長篇影片的頻道，平均觀看時長比較長，反之短篇影片較多的頻道，平均觀看時長比較短。每部影片都能個別確認這個數據，也可以瞭解該影片的觀眾續看率。

筆者的感覺是，片長 10 分種左右的影片若能獲得 40% 以上的觀眾續看率，就可以算是「優質影片」。雖然不是所有影片都是如此，但是符合該指標的影片可以獲得較多來自推薦或建議影片的流量。

YouTube 會讓觀眾滿意度較高的優質影片在 YouTube 首頁的推薦或建議影片中大量曝光，因此由推薦或建議的影片導入較多流量的影片可以說就是「YouTube 推廣的影片」。

● 「參與度」標籤

「觀眾續看率高，來自推薦及建議影片導入的流量就會增加」，這代表觀眾續看率是判斷影片好壞的基準之一。根據筆者的實際經驗，大幅增加觀看次數，獲得頻道訂閱人數的影片在發布不久之後，來自「建議的影片」的流量會突然開始增加。

「優質影片」是指，每個參與度的數值都較高，YouTube 也因此給予大量曝光的影片。檢視每部影片的參與度標籤，可以確認整個頻道的喜歡比例，以及各個影片的喜歡比例（請見下圖）。筆者整個頻道的喜歡比例是 94.9%，可說評價非常高。哪種影片能獲得觀眾喜歡？只要將正確的內容傳給正確的人，就會增加喜歡的數量。大量發布這種影片，整個頻道的喜歡比例就會變高，進而增加被 YouTube 推廣的機會。

● 各個影片的參與度

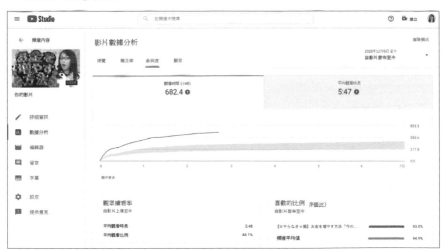

2 | 觀眾續看率高的影片特色

觀眾續看率高的影片有何特色？主要有三個重點。

1. 入口與內容差異小

標題與縮圖等「入口」部分與影片的「內容」一致，這點很重要。「因對縮圖或標題感興趣，才想觀看影片，結果內容完全不同⋯⋯」如果發生這種問題，觀眾會立刻關閉影片。

2. 最初的 30 秒決定一切

要維持 YouTube 的觀眾續看率，影片的開頭就顯得格外重要。通常觀眾在影片開始的 30 秒內，就會決定是否停止觀看影片。因為他們在一開始就感受到以下問題。

- 與「想像的內容不同」
- 「似乎很無聊」

3. 邏輯容易瞭解

當觀眾發現影片內容不知所云後，就會停止觀看。如果要維持較高的觀眾續看率，就得讓觀眾從頭看到尾。

以容易瞭解的邏輯說明影片的主題，就可以大幅改善觀眾續看率。

確認觀眾續看率

你可以在「參與度」標籤內確認影片開頭 30 秒的觀眾續看率（請見下圖）。

多數影片在最初的 30 秒內就會有部分觀眾離開。開頭的觀眾續看率較高的影片有以下共通點，請務必當作參考。

● 各個影片開頭的觀眾續看率

> - 開頭就有精彩的剪輯內容
> - 一開始先提及觀看影片的理由與好處
> - 直接請觀眾「從頭看到尾」

　利用清單確認各個影片的參與度

透過 YouTube 數據分析可以用清單確認哪部影片獲得了多少回應
（請見下圖）。可以確認的重要指標如下一頁所示。

● 詳細顯示每個影片的參與度清單

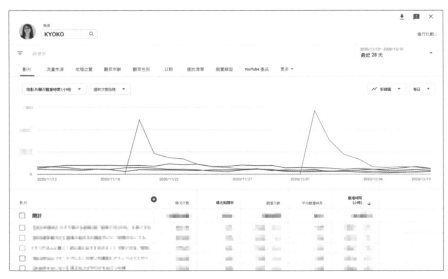

- 曝光次數
- 曝光點閱率
- 觀看次數
- 平均觀看時長
- 觀看時間

YouTube 數據分析提供「顯示更多模式」，所有標籤及頁面都有「顯示更多」連結，點擊該連結，就能觀看詳細數據。

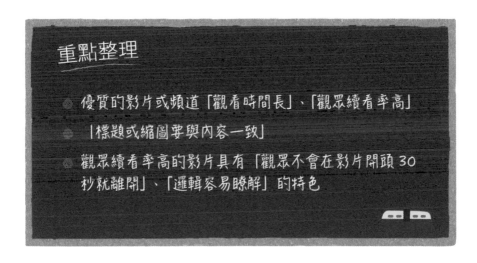

重點整理

◎ 優質的影片或頻道「觀看時間長」、「觀眾續看率高」

　「標題或縮圖要與內容一致」

◎ 觀眾續看率高的影片具有「觀眾不會在影片開頭 30 秒就離開」、「邏輯容易瞭解」的特色

05 深入瞭解觀眾

1 | 瞭解觀眾的屬性

設計頻道時，會先決定頻道的主題與人物誌。

可是，實際經營頻道之後，你設定的目標族群是否真的看到了影片？什麼樣的觀眾看了你的頻道影片？你必須瞭解觀眾的屬性。

在 YouTube 數據分析的「觀眾」標籤內，可以瞭解觀眾的各種資料。

2 │ 觀眾使用 YouTube 的時段

如果能知道觀眾會在何時觀看你的頻道，就可以決定要在星期幾、哪個時段發布影片（請見下圖）。

所有社群網路包含 YouTube 在內，經營初期都非常重要。考量到「發布影片之後，能否在短時間內獲得反應」，最好在觀眾比較活躍的時間發布影片。

● 觀眾使用 YouTube 的時段

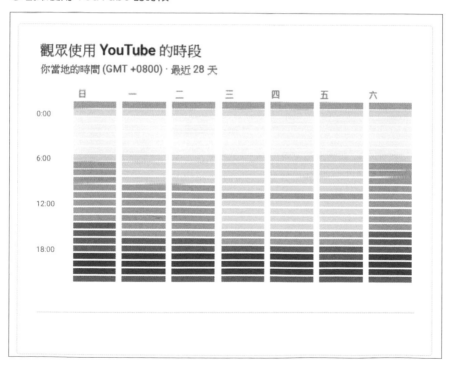

瞭解觀眾的男女比例及年齡層，就可以調整影片內容讓反應變得更好。

以下圖為例，有七成的觀眾是男性，是年齡層介於 25 歲到 54 歲的壯年族群。他們應該會對商業及與生活品質有關的內容感興趣。倘若發布的影片是美容、彩妝，或養老年金等話題，可以想見反應就會比較冷淡了。

● 觀眾的狀態

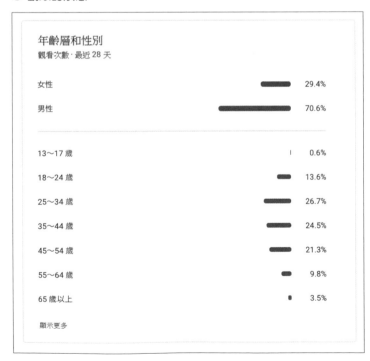

4 | 播放區域

這裡也可以確認你的影片在哪個地區被播放（觀眾所在地區）。

以筆者居住地為例，下圖的播放地區幾乎都是在日本，所以不需要加上英文字幕。但有部分影片的主題可能會在「美國」或「台灣」等地播放，加上英文字幕可以增加更多人觀看影片的機會。

5 | 掌握類似頻道

你可以透過「你的觀眾還收看哪些頻道」來瞭解「你的頻道是否與其他頻道類似？」YouTube 的觀眾通常會觀看多部類似的影片。YouTube 會學習觀眾的觀看習慣，並推薦適合個人的影片。換句話說，你的觀眾所觀看的其他影片，就是與你類似的頻道。

● 播放影片的地區

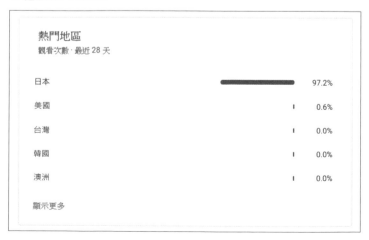

下圖是與筆者的頻道類似的頻道影片，幾乎都是商業類 YouTuber 或網紅的影片。

研究類似頻道的影片，有很多地方可以當作提高觀眾滿意度的參考。

● 您的觀眾最近看過的其他影片

您的觀眾最近看過的其他影片
最近 7 天

マナブ・觀看次數 10.4萬次・一週前

マナブ・觀看次數 4.0萬次・4天前

両学長 リベラルアーツ大学・觀看次數 31.5萬次・6天前

中田敦彦のYouTube大学 - NAKATA UNIVERSITY・觀看次數 73.2萬次 ・…

マナブ・觀看次數 3.6萬次・5天前

‹　1/3　›

- 對哪種主題有反應
- 發表了哪些留言
- 以何種頻率、在哪個時段發布影片
- 縮圖的設計？

考量到類似的影片會列在比較表內（同一搜尋結果或首頁），你必須
參考這些資料做出差異化，才能讓影片脫穎而出。

觀眾的屬性可以用來驗證
人物誌的設定是否正確。

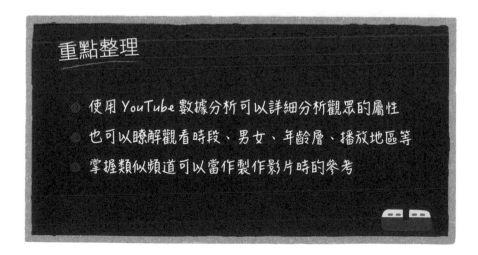

重點整理

- 使用 YouTube 數據分析可以詳細分析觀眾的屬性
- 也可以瞭解觀看時段、男女、年齡層、播放地區等
- 掌握類似頻道可以當作製作影片時的參考

結尾

現在就算是無名小卒也可以自由發布資訊，不是明星也能擁有粉絲，這都是網路技術普及所帶來的影響。

- 用文字傳遞訊息的部落格
- 輕易傳遞日常生活的社群網路
- 用聲音傳遞訊息的廣播

任何人都可以使用這些工具表達自己的想法及 Know How。

筆者剛開始使用 YouTube 發布影片是在 2016 年。在此之前，筆者不過是一介平凡的家庭主婦，一邊照顧小孩，一邊打電腦，懷抱著「總有一天要成功創業的夢想」。

- 女性結了婚之後，應該守著家庭
- 老大不小了，應該停止挑戰
- 有了孩子應該專心照顧小孩

面對這麼多「應該」而放棄了未來可能性的同時，筆者開始在家挑戰 YouTube。

最糟時「一整天唯一見到的人就是我自己的孩子」，但是筆者利用 YouTube 讓更多人認識我，並且得到了支持。

當筆者在聯盟行銷及部落格有了一定的成果之後，偶爾在 YouTube 發布的影片也變成可以傳遞有用資訊的工具。

筆者很早就決定要擁有自己的商品，於是在 2017 年開始發展線上學校。當時頻道訂閱人數不到 1,000 人，也還未接受 YouTube 合作夥伴計畫的審核，無法從廣告獲得收益。

沒想到默默無聞的筆者在公開銷售商品之後，竟然有許多人申請使用，來自 YouTube 的收益很快每個月就超過七位數。

這本書也多次提及，YouTube 可以發布的資料量勝過其他媒體。即使到了 2021 年，有許多人注意到 YouTube 的魅力而開始加入，仍沒有其他商業工具可以取代 YouTube 的地位。

不論是個人或企業，一個人或品牌要獲得知名度都不是件容易的事。如果是個人，可能會面臨資金「短缺」的問題；若是企業，就得打電視廣告，或找受歡迎的藝人代言，甚至還得付費投放網路廣告。但是 YouTube 是免費的，你不需要花錢製作、上傳影片，雖然要讓許多人看到影片需要一些技巧，但是這本書已經詳細說明過。

「知名度」、「信用」一旦建立之後，不論在哪裡，都可以發揮效果。以筆者為例，透過 YouTube 認識筆者的人也會關注筆者的部落格或社群網路，而且每當筆者開始做某些新嘗試時，就會立刻來支持。當然你也可以

- 從部落格開始
- 從社群網路開始

但是若想在第一時間增加知名度，「**從 YouTube 開始**」或「**同時開始經營 YouTube**」可以建立自己的品牌。

將來想自行創業，或已經擁有事業，想繼續擴大的人，希望這本書可以幫助你往前邁進。

筆者也是因 YouTube 的影響而改變人生的其中一人。在出版這本書的過程中，得到了許多人的支持。

透過 YouTube 支持我的各位觀眾。

還有為本書撰寫專欄的鴨頭嘉人、竹中文人、Ikeda hayato、酒井祥正，以及出版社 Sotechsha（股）公司的各位同仁。

筆者在此致上誠摯的謝意。

2021 年 2 月吉日　KYOKO

第一次用 Youtube 行銷就上手

作　　者：KYOKO
譯　　者：吳嘉芳
企劃編輯：莊吳行世
文字編輯：詹祐甯
設計裝幀：張寶莉
發 行 人：廖文良

發 行 所：碁峰資訊股份有限公司
地　　址：台北市南港區三重路 66 號 7 樓之 6
電　　話：(02)2788-2408
傳　　真：(02)8192-4433
網　　站：www.gotop.com.tw
書　　號：ACV043200
版　　次：2022 年 01 月初版
建議售價：NT$450

商標聲明：本書所引用之國內外公司各商標、商品名稱、網站畫面，其權利分屬合法註冊公司所有，絕無侵權之意，特此聲明。

國家圖書館出版品預行編目資料

第一次用 Youtube 行銷就上手 / KYOKO 原著；吳嘉芳譯.
-- 初版. -- 臺北市：碁峰資訊, 2022.01
　　面；　公分
　　ISBN 978-626-324-042-1(平裝)
　1.網路行銷　2.網路媒體　3.網路社群
496　　　　　　　　　　　　　　　　110020133

讀者服務

- 感謝您購買碁峰圖書，如果您對本書的內容或表達上有不清楚的地方或其他建議，請至碁峰網站：『聯絡我們』\「圖書問題」留下您所購買之書籍及問題。(請註明購買書籍之書號及書名，以及問題頁數，以便能儘快為您處理)
http://www.gotop.com.tw

- 售後服務僅限書籍本身內容，若是軟、硬體問題，請您直接與軟、硬體廠商聯絡。

- 若於購買書籍後發現有破損、缺頁、裝訂錯誤之問題，請直接將書寄回更換，並註明您的姓名、連絡電話及地址，將有專人與您連絡補寄商品。